鉴己识人

五行人格心理学

石红霞　著

中国发展出版社
CHINA DEVELOPMENT PRESS

图书在版编目（CIP）数据

鉴己识人：五行人格心理学 / 石红霞著 . —北京：中国发展出版社，2022.6
ISBN 978-7-5177-1300-5

Ⅰ.①鉴… Ⅱ.①石… Ⅲ.①人格心理学 Ⅳ.①B848

中国版本图书馆CIP数据核字（2022）第097862号

书　　　名：鉴己识人：五行人格心理学
著作责任者：石红霞
责 任 编 辑：郭心蕊
出 版 发 行：中国发展出版社
联 系 地 址：北京经济技术开发区荣华中路22号亦城财富中心1号楼8层（100176）
标 准 书 号：ISBN 978-7-5177-1300-5
经 销 者：各地新华书店
印 刷 者：北京市密东印刷有限公司
开　　　本：710mm×1000mm　1/16
印　　　张：14.25
字　　　数：190千
版　　　次：2022年6月第1版
印　　　次：2022年6月第1次印刷
定　　　价：49.00元
联 系 电 话：（010）68990625　68990692
购 书 热 线：（010）68990682　68990686
网 络 订 购：http://zgfzcbs.tmall.com
网 购 电 话：（010）68990639　88333349
本 社 网 址：http://www.develpress.com
电 子 邮 件：174912863@qq.com

十几年前，当我还在商场上叱咤风云的时候，不曾想到有一天会重新开启对心理学的探究。虽然我大学学的是心理学，但那时我并不觉得心理学有什么用处。

命运总是在不经意间给你一个惊吓。正当我的事业做得风生水起之时，我的儿子却突然在学校里出现了严重的行为问题，一周之内，四个任课老师打电话向我告状，有的老师说他上课讲话，扰乱课堂纪律；还有的老师说他考试睡觉，考卷只做了一半……老师们劈头盖脸的训斥让我羞愧难当。由于工作实在太忙，我几乎没有与儿子交流的机会，不知不觉中一向聪明的儿子已变成了老师眼中的问题儿童。

我是个生性好强的人，不能接受这样残酷的现实。如果儿子毁了，赚再多的钱又有什么意义呢？经过痛苦的思想斗争，我决定关闭自己的企业，回家做个全职妈妈，用我在职场中的拼搏精神把儿子打造成一个出类拔萃的优秀人才。

我有这样的信心是基于心中的一份信念：我认为儿子身上一定有我的遗传基因，他的妈妈当年是个学霸，他也应该与我不相伯仲。

为了给孩子树立一个良好的榜样，我决定先做一个勤奋好学的好妈妈。我不看电视，不玩手机，儿子写作业，我就在一旁看书。我看书并非为了作秀，我喜欢读书，多年在职场打拼，使我没有太多的时间阅读，现在终于能够放松心情，接受知识的熏陶。像一个饥饿的人扑向面包，我陶醉在知识的海洋中，流连忘返。夜晚的灯光下，总是一幅温馨和谐的景象：儿子写字的沙沙声仿佛优美的伴奏曲，母亲慈祥的目光就是孩子温暖的港湾。儿子再没有出现乖张出格的行为，成绩也大有起色，总是保持在班级前10名之内。

可是儿子的表现却让我有些许隐忧。我发现他不热爱学习，对读书不感兴趣，没有好胜心和超越他人的欲望，只愿意为自己感兴趣的功课多付出一点儿努力，取得的一些成绩也是凭借一点儿小聪明。

到了高中阶段，他身上的灵性仿佛枯竭了，成绩开始急剧下降。我发现他的思维方式与我有巨大的差异。读书时我喜欢寻找巧妙的学习方法，不费什么力气，却总能名列前茅；儿子的思维却很死板，常常耗费了很多时间却没有什么成效。我费尽心思想将自己的学习方法传授给他，却总是事与愿违；当遇到具体问题时，他的处理方法总是与我相左，而与他的父亲却比较接近。

儿子读的是一所名校，优秀学生众多，他不仅没法用耀眼的分数成为老师和同学瞩目的焦点，有时还要受到老师的批评；开家长会时，那些分数不理想的孩子的家长也要承担连带责任。落后生的家长可能比优等生的家长付出得更多，但在以成败论英雄的价值观主导下，没有人会关心事物发展的原因和过程，大家看到的只有结果。家长受了气后，回家又会加倍地指责孩子。这种恶性循环让无数孩子失去了成长的快乐，也让许多家长背上了沉重的包袱，造成无数"因爱相杀"的人间悲剧。

经历了无数痛苦的折磨，我开始明白，儿子与我是不同的人，我不应该将自己的理想强加在他身上。当外界打击他、压迫他的时候，做母亲的应该帮助他、温暖他，不应再落井下石。孩子可以没有分数，却不能丧失对人生的信心，那是点亮他未来美好人生的火种。

其实儿子身上也有很多优点，他为人宽厚，行事低调，做事踏实，喜欢钻研技术，动手能力极强。无论走到哪里，人们都说他是个有教养、负责任的好孩子，如果这样的人在社会上没有一席之地，那么只能说明社会"病"了。

我不再苛求孩子，而是欣赏他的长处，儿子与我成为无话不说的朋友。儿子算不上出类拔萃的人才，但他的自信心不输任何人。尽管生活中有许多沟沟坎坎，但他的心态始终是乐观的。儿子告诉我，他经常在梦中笑醒。与儿子在一起，我也会被他的快乐感染。他现在快研究生毕业了，各方面都发展良好。

看到社会上那么多焦虑的父母，我很想告诉他们，每个孩子都有独特的性格，不要用预设的模型去打造孩子，那样只会毁了他们。

我研究人格心理学的最初动因就是为了弄明白：儿子为什么与我不同？我为什么不能改变他的思维模式？最初，我对这些问题百思不得其解，当知识结构丰富到一定程度，认知能力发生了质的变化，我忽然明白了其中的奥秘。我的人格心理学研究开始前行。

我的研究得益于跨学科的广泛涉猎。科学研究最忌讳将视野局限在一个狭小的范围内，这样得出的结论常常是片面的和错误的。世界本是一个统一的整体，只有用普遍联系的观点看待事物，才能发现现象背后的真正本质。

我研究人格心理学理论采用的是演绎法而非归纳法。我首先建立了自己的理论框架，再依据人的生理特质在几个维度上随机组合的可能性对人进行分类，然后再到生活中加以验证，发现结论与假设几乎没有多少出入，于是它的科学性进一步得到验证。

五行人格心理学理论的完善得益于我的职场经历，因为从事销售工作，我"阅人无数"，这些人都成为最好的验证样本。我不但了解他们的现在，还了解他们的过去，等于进行了跨越几十年的跟踪研究。

我的理论还得益于我自身人格的巨大波动。很少有人像我一样，在不同的人生阶段，人格的状态发生过翻天覆地的变化。我曾经是个有自闭倾向的社交恐惧症患者，后来却成了销售达人，我因此得以体会不同人格状态的生存感受，明白了人格形成的内在动因与外在诱因。

儿子读大学后，我重返职场，将我的理论运用于实践，产生了令我意想不到的效果。作为一名心理咨询师，借助对人性的深刻了解，我总是能一下子找到来访者问题产生的根源，从源头去解决问题，往往能产生事半功倍的效果。作为企业的人才测评师与培训师，我能够精准定位员工的人格发展状态，了解每个人的发展潜力，以及他们在人格发展过程中需要规避的陷阱。经常有人问我是不是具备什么特异功能，不然为什么能把人分析得那样准确。其实，不是我有神秘能力，而是我借助了一套科学的体系。如果失去了科学的支撑，任何预测术都只能靠博概率。

以五行人格心理学理论为基础，去解读人和事，一切都会变得合情合理。回顾以往的经历，对错得失、功过是非都变得一目了然。人生的不幸不外乎这几种情况：性格的极端、选错了配偶或朋友、做了自己不擅长的事情、处在不适合自己的环境里等。

人们常追问命运的真相，其实，命就是人的性格，运则是人所处的环境、遇到的人、能够把握的机遇。命和运都是随机的产物，往往很难把握，但如果我们认识到了现象背后的本质，那么也能部分地把握自己的命运。性格可以通过后天的修为加以改善，避开了陷阱，我们就能找到人生的康庄大道。

这个世界的道理是相通的，对于个体而言，通过提高自己的认知水平、充分发挥自己的特长、寻找有利的生存环境，能够提升自身的存在价值；对于组织而言，选择合适的人做正确的事则是成功的必备条件。一个企业领导者的人格决定了这家企业能走多远，而员工的素质则决定了企业当前能否生存下来。

这本书的初稿在2018年就已经完成，但那时我觉得验证的案例还不够全面，因此又在实践中不断完善，几经修改，才最终定稿。希望这本书能够帮助大家更好地认识自己、了解他人，找到正确的人生定位，开启幸福的人生旅程。

目 录

第 5 章
25 类基本人格

第1章

传统文化中的心理学

　　德国心理学家艾宾浩斯有一句名言：心理学有一个漫长的过去，但只有短暂的历史。心理学作为一门独立的学科，迄今只有100多年的历史，与自然科学相比，它的确资历尚浅。心理学的研究对象是人类本身，在漫长的历史发展进程中，人类首先要解决的是自身的生存问题，了解与征服自然成为人类的首要使命，在人的基本生存需求尚未得到满足时，根本无暇考虑精神与心理的需要。在物资匮乏的年代，很少见到心理疾病患者。30多年前，当我迈进心理系的大门时，最担心的事情是日后到哪里去找工作，谁又能料到时至今日，在小区内散步都能遇到需要心理咨询的对象。心理学的诞生和发展与社会的进步息息相关，社会的文明程度越高，人们需求的层次就越高。

在人类的懵懂时代，人们并不是没有心理需求，只是这种心理需求被更急迫的生存问题掩盖了，心理学的诞生绝不是一个偶然现象，而是必然结果，人类从来没有停止过对自身的好奇与探索。同为人，为什么有人聪明慧达、有人却愚钝猥琐，有人财运亨通、有人却劳顿穷苦？人们无法解释其中的奥妙，便把它们通通归咎于命运，于是卜卦算命术开始盛行，历史上曾出现过很多道行高深的算命大师，诸如姑布子卿、许负、袁天罡等，他们之所以受到人们的追捧，皆因能对人和事进行精准的预测。他们并非具备某种超自然的神秘力量，在今天看来，他们只是把握了人性发展规律的朴素心理学家。从伏羲研习先天八卦开始，人们就试图从理性的层面去探索世界发展的基本规律，当然也包括人性发展的根本规律。在战国时期，孟子的性善说与荀子的性恶说就争得不可开交，最终性善说占了上风，孟子的性善说对中国几千年的政治、文化与社会生活都产生了深远的影响，道德教化的理想弱化了法制的刚性。从哲学的角度考量，性善说与性恶说都站不住脚，因为人本是矛盾的统一体，善与恶同时存在于人性中，人性的表达是矛盾斗争的结果。

人们满足心理与精神需求的另一个载体是宗教，不同于西方的许多宗教都发源于社会的底层，在中国，宗教多由统治阶级主导，中国的第一座寺庙便是奉汉明帝敕令建造的。南北朝时期的梁武帝痴迷于佛教，以致身死国灭。唐朝时，高僧玄奘在佛教上的巨大成就，与皇帝李世民的支持也密切相关。古代，普通民众的文化水平普遍不高，神道设教成为一种必然趋势，宗教到了老百姓这里便成了夹杂着迷信与诓骗的安慰剂，无论是丰年还是灾年，寺庙里的香火总是很旺，虔诚的信徒并不多，求财求子保平安是人们的主要诉求，实用主义的倾向使那些民间的"神婆"与"神棍"有了更大的施展空间。我曾去农村的亲戚家做客，邻居一位妇女的耳环丢了，她起了大早，到当地一位有名的"神婆"那里去问询，"神婆"告诉她，回家到被子底下找就会有结果，她后来果然在床上找到了耳环，于是对"神婆"佩服得五体投地，到处宣扬。其实并非神婆有特异功能，但她一定是位民间心理学家。一个农妇的耳环掉了，无外乎两种可能，一种是白天做事耳环掉在了外面，这种情形找回的可能性极小，另一种情形就是晚上睡觉耳环与枕头摩擦掉在了床上，滚到了人不容易注意的地方，那么寻回耳环的最大概率当然是去床上找。神婆不但深谙心理学，而且还有超强的推理能力，她懂得算概率。

心理学的研究对象是人，对人格的研究是最主要的内容。现在的企业在选人用人时，都要做人格测评，因为人和人之间有巨大的差异，不同的人去做同样的事情，结果并不相同，这是所有人的共识，但事与人之间到底有什么对应关系，却不容易界定，难点在于我们很难一眼洞悉一个人的方方面面，人性沉没在冰山下的部分比冰山上的部分多得多。过去的帝王将相，调集了各方力量，也不能完全得其要领，但也有成功的案例。赵简子曾请姑布子卿为他的儿子们相面，子卿看了一遍，说："您的这几个儿子没有一个可以当将军的。"简子着急地说："难道我们赵家就这样衰落了吗？"子卿说："我刚才在路上遇见一个年轻人，大概是您的儿子吧？"简子把儿子毋恤叫出来，子卿一见毋恤，马上站起来说："这才是真正的将军！"简子困惑地说："他的母亲地位卑微，是我的奴婢所生，怎么可能显贵呢？"子卿说："这是天意，卑微又怎样呢？他将来一定会显贵的。"这个年轻人便是后来开创赵国的赵襄子。姑布子卿不知依据什么做出了精准的预测，我想那绝不是信口开河的主观臆断，可惜这位相面大师并没有著作留下，他的技艺也未得到传承，否则历史上也不会出现那么多选错人、用错人的悲剧。

我第一次在传统典籍中看到人格心理学的影子，是偶尔翻阅了《黄帝内经》，其中有关"五行人"的描述深深吸引了我。

木形之人，比于上角，似于苍帝，其为人苍色，小头，长面，大肩背，直身小手足，好有才，劳心，少力，多忧劳于事。能春夏不能秋冬，感而病生。足厥阴，佗佗然。

火形之人，比于上征，似于赤帝。其为人赤色，广䏖，脱面，小头，好肩背髀腹，小手足，行安地，疾心行摇，肩背肉满。有气轻财，少信，多虑，见事明，好颜，急心，不寿暴死。能春夏不能秋冬，秋冬感而病生。手少阴，核核然。

土形之人，比于上宫，似于上古黄帝。其为人黄色，圆面，大头，美肩背，大腹，美股胫，小手足，多肉，上下相称，行安地，举足浮。安心，好利人，不喜权势，善附人也。能秋冬不能春夏，春夏感而病生。足太阴，敦敦然。

金形之人，比于上商，似于白帝。其为人白色。方面，小头，小肩背，小腹，小手足，如骨发踵外，骨轻。身清廉，急心，静悍，善为吏。能秋冬不能春夏，春夏感而病生。手太阴，敦敦然。

水形之人，比于上羽，似于黑帝。其为人，黑色面不平，大头廉颐，小肩大腹动手足，发行摇身下尻长，背延延然。不敬畏善欺绍人，戮死。能秋冬不能春夏，春夏感而病生。足少阴，汗汗然。

《黄帝内经》用五行对人进行分类，目的是防病、治病。中医的治病机理受阴阳五行思想影响较大，讲求阴阳平衡，注重相生相克关系，它的治疗效果很大程度上依赖于医生的医术水平，不似西医那样有客观的检查数据，所以看中医如果遇到庸医，结果可能很糟糕，这也是中医受到一些人质疑的一个原因。中医是中华文明的瑰宝，但要得到世界的广泛认可还有一段路要走，那便是明确药理与病理的准确对应关系。这是我阅读了"五行人"相关章节后的感想。我依照书中的描述到生活中去比对，发现完全吻合的难度很大：有人外形吻合，性情又不吻合，这些外在的标准很快会让人变得无所适从。我想，这可能是某些医生根据自己的行医经验做出的归纳总结，他们的所见有限，所得也就有限。基于归纳法尤其是不完全归纳法所得出的结论，其科学性有所欠缺，这也是"五行人"的理论难以在实践中开花结果的原因。尽管如此，这却引发了我强烈的兴趣，根据普遍的经验，我发现人的外貌与性格之间似乎有些关联，但是到底是怎样的关联、这些关联的背后动因是什么，却是模糊和不确定的。直到后来我又研习了很多哲学著作，进一步将五行与哲学建立了联系，才彻底跨越了混沌地带。

第 2 章

五行与哲学

五行理论

　　五行理论是中华民族对世界文化的伟大贡献，它是古人在实践的基础上建立起来的原始唯物论和朴素辩证法，是经得起检验的科学理论。然而说起五行，却总让人感觉它有一些迷信色彩。在漫长的历史长河中，鱼龙混杂，浪涛迭起，黄金有时也会埋陷于污泥浊水之中。五行理论被牵强附会、广泛运用，不是因为它荒诞，恰恰是因为它接近真理，所以放之四海似乎都能逻辑自洽。当然，强拉硬扯、自欺欺人的自洽与合乎理性的自洽并不是一回事。好的理论如果被用歪了，就变成了害人的帮凶，背上了不该有的罪名。

但是，珠玉蒙尘不掩其光，在社会科学高度发展的今天，我们得以站在更高的视角，拨迷见智，更能窥见五行理论的精妙所在。

↗ 五行学说的起源

五行学说到底由何人创立，并无定论，据传是由战国时的阴阳家邹衍所发明。邹衍是稷下学宫的著名学者，因他"尽言天事"，所以当时人们称他"谈天衍"。邹衍在那个时代应该是一个上知天文、下知地理的博学之士。他目睹当时的统治阶级骄奢淫逸，道德沦丧，产生了与孔子同样的忧虑，希望借助一种神奇之术，引人向善，与"孔子作《春秋》而乱臣贼子惧"出于相同的本心。他的重要思想是"五德终始说"，"五德"指土、木、金、火、水五种德性或性能，"五德终始"指这五种性能从始到终、终而复始地循环运动，邹衍以此作为历史变迁、王朝更替的依据。

《吕氏春秋·应同》据邹衍的学说记载，"凡帝王之将兴也，天必先见祥乎下民。黄帝之时，天先见大螾大蝼。黄帝曰：'土气胜！'土气胜，故其色尚黄，其事则土。及禹之时，天先见草木秋冬不杀。禹曰：'木气胜！'木气胜，故其色尚青，其事则木。及汤之时，天先见金刃生于水。汤曰：'金气胜！'金气胜，故其色尚白，其事则金。及文王之时，天先见火赤鸟衔丹书集于周社。文王曰：'火气胜！'火气胜，故其色尚赤，其事则火。代火者必将水，天且先见水气胜。水气胜，故其色尚黑，其事则水。水气至而不知数备，将徙于土"。邹衍试图根据以往历史发展的脉络，寻找到某种规律，找到天命所归。

邹衍所处的时代已经礼崩乐坏，周王室衰微，诸侯争战，烽烟四起，最受苦遭殃的还是老百姓。他们不但要遭受饥饿之苦，还要充当战争的炮灰，生活朝不保夕。人们终日生活在困厄和恐惧之中，迫切希望有王者、圣者出现，救民于水火之中。邹衍终其一生都在寻找和试图辅佐这些王者。他先士齐愍王，当时齐国国力强盛，齐愍王雄心万丈，似有王者的迹象，可历史的发展证明他不过是个好大喜功的狂妄之人。后来，邹衍又投奔招贤纳士的燕昭王，历经波折，依然失望而归。

邹衍的五德终始说是他实现政治抱负的理论依据。历朝历代的知识分子都渴望寻得明君，建立姜尚、伊尹那样的伟大功业。

现在看来，五德终始说有些滑稽可笑，没有科学依据，它不过是绝望中的士人给自己臆造的一线希望。五行之谬，也许正是从五德终始说开始的。虽然五德终始说是邹衍的主要思想，但我更倾向于认为，五行的概念并不一定是邹衍发明的，邹衍只是第一个将五行与政治挂钩的人，五行学说应该是更早时期劳动人民集体智慧的结晶。

↗ 五行与世界起源说

从古至今，人类对自己生存的环境都充满了好奇心。在远古的懵懂混沌时代，这种好奇心应该更加强烈，因为人们有太多的困惑无法解答。如同孩子在幼童时期，最好奇的是自己是从哪里来的，人类在启蒙之初，最关心的问题也是世界是如何起源的。

古希腊的哲学家赫拉克里特认为世界的起源是火，他说："这个有秩序的宇宙（科斯摩斯）对万物都是相同的，它既不是神也不是人所创造的，它过去、现在和将来是一团永恒的活火，按一定尺度燃烧，按一定尺度熄灭。"另一位古希腊哲学家泰勒斯认为宇宙万物都是由水这种基本元素构成的。泰勒斯的学生阿那克西曼德又认为世界的基本元素不可能是水，而是某种不明确的无限物质。阿那克西曼德的学生阿那克西美尼进一步解析认为世界的基本元素是气，气稀释成了火，火浓缩则成了风，风浓缩成了云，云浓缩成了水，水浓缩成了石头，然后由这一切构成了万物。后来，古希腊哲学家恩培多克勒综合了前人的看法，再加上土，认为世界是由水、气、火、土四种元素组成的。

这与我们五行的概念似乎有些接近。可见虽然地域和民族不同，但人类认识世界的方式基本是相同的，认识的途径是从感性认识向理性认识逐渐发展。人类最初观察到的是一些自然现象，上古时期，伏羲也正是根据自然界的风、雨、雷、电等现象画出了八卦。五行学说的起源应该也经历了相似的发展历程，它应该是先哲们通过长期对自然的观察和思考后悟出的世界起源说。

五行代表的是构成世界的五种物质形态：

木——植物

火——热能

土——土地

金——金属

水——液体

在宏观的世界里，这样的分类已基本涵盖了万物的存在状态。地球上超过70%的面积被湖泊、海洋覆盖，水是生命之源，是世界重要的组成部分；我们脚下的土地是万物的承载，离开了土，世界将变成虚空；放眼望去，漫山遍野的花草树木，虽然品类繁多，却都可归于木类；远处巍峨的山峰，布满坚硬的岩石，取石冶炼还能获得硬度更高的金属物质；人类对火的感受来源于太阳，在人类懂得钻木取火之前，传说中的10个太阳几乎让大地上的万物生灵难以生存。

↗ 五行学说的发展历程

我们聪明的先祖并没有将对五行的认知停留在肤浅的初期阶段，而是用普遍联系的眼光，取象比类，揭示出世界发展的一般规律。五行学说后来发展得枝繁叶茂、体系浩繁，并非一日之功，而是无数先哲智慧的结晶。其中关键性的跨越是超脱了具体形态的限制，给五行赋予了不同的性质。《尚书·洪范》记载，"五行：一曰水，二曰火，三曰木，四曰金，五曰土。水曰润下，火曰炎上，木曰曲直，金曰从革，土爰稼穑。润下作咸，炎上作苦，曲直作酸，从革作辛，稼穑作甘"，这里不但将宇宙万物进行了分类，而且对每类物质的性质都做了界定。将五行与事物的性质相联系，标志着人们的认识已由感性认识上升到了理性认识。形状是具体的，性质是抽象的，形状是一种现象，而性质则更接近于本质。

世界永恒不变的规律是运动。赫拉克利特有一句名言，"人不能两次走进同一条河流"。离开了运动的本质，我们根本无法真正认识这个世界。古人已经深刻地认识到了这一点，五行相生相克的理论正是古人对事物发展变化与普遍联系规律的朴素认识（见下图）。

相生，是指两类属性不同的事物之间存在相互帮助、相互促进的关系，具体是：木生火，火生土，土生金，金生水，水生木。

相克，则与相生相反，是指两类不同属性事物间的关系是相互克制的，具体是：木克土，土克水，水克火，火克金，金克木。

五行相生：木→火→土→金→水。

五行相生的机理：

木生火，木干暖生火；

火生土，火焚木生土；

土生金，土藏矿生金；

金生水，金销熔生水；

水生木，水润泽生木。

五行相克：金→木→土→水→火。

五行相克的机理：

刚胜柔，故金胜木；

专胜散，故木胜土；

实胜虚，故土胜水；

众胜寡，故水胜火；

精胜坚，故火胜金。

五行相生相克，并不是一成不变的，相生和相克都需在一定的条件下才能成立。比如，水生木，又说阳水克木，那么二者到底是相生还是相克呢？这就要看具体的情况，水可以滋润植物，帮助植物生长，但如果水量太多或灌溉不当，又会妨害植物的生长。如此看来，相生相克并非绝对，不能孤立静止地看待事物之间的相互关系。任何事物都是在矛盾斗争中不断地向前发展，矛盾双方的力量对比发生变化，会导致事物的性质发生变化，用辩证的眼光看待事物，将五行与辩证法相结合，是五行理论又一个质的飞跃。

古人不说辩证法，只说阴阳，因此有了阴阳五行的理论。阴阳是《易经》中的思想，《易经》是中华文化宝库中一颗璀璨的明珠，它就是一部完备的辩证法。《易经》也被人用来卜卦，算命，它承载了中国人的各种精神需求，从心理学的角度来看，卜卦算命可以产生某些心理暗示。在困境中，也能给人带来一些积极的心理能量。

20多岁时，我辞职"下海"，有一段时间诸事不顺，饱受挫折，到了穷困潦倒、居无定所的地步。家里有位长辈颇为我担心，打算带我去算命。我惊恐万分，生怕算出更加悲惨的结果，断然拒绝。后来，她私自拿了我的生辰八字去帮我算了一卦，回来告诉我一堆不知所云的神秘批语。我只记住了其中一句话："两年后必发达。"心里顿时开阔了许多，悲观绝望的情绪也得到了疏解。奇怪的是，两年后，我果然有了不错的发展。我当然不相信这是算命的结果，但是当年的那句话的确给了我莫大的精神力量。我想，这也是很多人热衷于算命的主要原因。其实，否极泰来，物极必反，是事物发展的根本规律，人生到了最黑暗的时候，曙光往往很快就会出现，天无绝人之路，跌得越低，也可能反弹得越高。

孔子说："善易者不占。"因为《易经》已把这些道理讲得清清楚楚。《易经》就是一部哲学经典，通篇贯穿了最基本的哲学原理——矛盾的对立统一。这个世界就是在各种矛盾的对立统一中向前发展，对立和统一是矛盾的两个根本属性，掌握了事物发展的本质规律，就能预见事物的发展趋势，既然如此，又何须占卜呢？

矛盾的同一性和斗争性

↗ 矛盾的同一性

矛盾的同一性是指矛盾着的对立面之间内在的、有机的、不可分割的联系，体现着对立面之间相互吸引相互转化的性质和趋势。矛盾同一性有如下表现：

其一，矛盾双方相互依存，互为条件，共处于一个统一体中。任何矛盾的对立双方都不能单独存在，而是在一定条件下，各以自己的对立方面作为自己存在的前提，一方消失，另一方也不复存在。比如我们常说单位里的某个人很笨，对他的言行充满不屑与鄙夷，殊不知正是由于他的"笨"才显出你的聪明。如果换了一个更精明的人，你可能就显得愚笨了，整个形势就会发生变化。生活中那些追求完美的人大多精神比较痛苦，因为所有的完美都需有一个不完美的对立面。有洁癖的人会发现周围的人都邋遢不堪，忍不住辛苦劳顿，多有抱怨，结果却引人厌烦。殊不知没有他人的这些不完美的行为，又怎么会让他产生完美的感觉呢。

其二，矛盾的对立面之间相互渗透、相互贯通。这是矛盾同一性的更重要的一层含义。矛盾的相互贯通表现为相互渗透和相互包含。矛盾着的每一方都包含和渗透着对方的因素和属性，你中有我、我中有你，此中有彼、彼中有此。例如：遗传中有变异，变异中有遗传；感性认识中有理性认识，理性认识中有感性认识。好人、坏人的概念也是同样的道理，世上没有绝对的好人和坏人，好人也会做坏事，坏人也会做好事。即便像汉末的大军阀董卓那样十恶不赦的人，也有蔡邕那样的大名士感念他的知遇之恩。像孔子那样品德高尚的人，也有自私狭隘的一面。孔子当上鲁国的大司寇，七日就杀了开办学堂的少正卯。孔子给他定下五条罪状：心达而险、行辟而坚、言伪而辩、记丑而博、顺非而泽。实际上他只是与孔子所持的思想有分歧而已。后世有学者认为孔子提倡仁义，不会有这样的行为。持这种观点的人应该去看看基督教的发展史。基督教的教义充满了博爱和仁慈，可是基督教对待异教徒所表现出的狭隘和残忍却令人发指。人性的两面性，是矛盾统一性的最好体现。矛盾双方的相互渗透，是矛盾双方相互贯通的一种表现，是矛盾双方在分子、因素或部分上的相互包含、相互交叉。它是从相互依存形式上的相互联结进到内容上的相互联结，因而它是比相互依存更前进一步的同一性状态和阶段。

其三，矛盾双方在一定条件下相互转化。事物的发展总是向着自己的对立面转化，这也表明对立面之间有互相贯通的性质，有内在的同一性。矛盾双方的相互转化是矛盾双方联结达到极端或顶点的状态，也就是我们通常所说的物极必反。中国有句古话，"穷不过三代，富不过三代"，说的就是成与败相互转化的道理。一个家族在巨大的成功面前如果不注意道德的修养，富贵而骄，终究会养育出纨绔子弟，吃喝玩乐，声色犬马，最终走向败落；而穷则思变，不良的际遇会激发人的奋斗精神，培育出优秀的子弟，发奋图强，改变现状。

矛盾双方转化后形成新的统一体，矛盾双方又在新统一体的基础上继续相互依存，因此它又是相互依存的动态形式。

↗ 矛盾的斗争性

矛盾的斗争性是指矛盾着的对立面之间相互排斥的属性，体现为对立双方互相分离的性质和趋势。矛盾的斗争性表现为：

其一，矛盾双方的相互差异，即相互区别和限制，"你不同于我，我不同于你"。矛盾双方的对立与斗争正是在它们存在本质差异的基础上展开的，矛盾双方的分离首先体现在本质差别之中。举个最简单的例子，不能因为好人也会做坏事、坏人也会做好事，就否认有善恶的分别，善人和恶人有本质的区别。善人讲公义，有利他倾向，而恶人讲私利，有严重的利己倾向，甚至以邻为壑，将自己的快乐建立在别人的痛苦之上。

其二，矛盾双方的相互排斥，即"你离开我，我离开你"。相互排除、相互冲突、相互反对等都是这个意思。存在着本质差异的矛盾双方朝各自相反的方向产生相互作用，形成了进一步相互分离、相互抗争的态势。我们常说的"正邪不能两立"正是这一特性的体现。秦朝的宰相李斯正是没有弄清楚这个道理，才导致了毁家灭族的悲剧。他与弄臣赵高之间本应是截然对立的关系，赵高是一个卑鄙无耻的奸佞小人，为了个人的权欲和利益可以不择手段，完全可以放弃操守和底线，而李斯是一个有雄才大略的政治家，有安邦定国的远大抱负，两者志不同、道不合。但李斯却没有看清这一点，他被赵高的花言巧语所迷惑，认为他们可以成为统一战线，面对赵高矫诏杀扶苏、拥立胡亥的阴谋，选择了妥协和支持，却不知道，与虎谋皮的结果必定是为虎所害。

其三，矛盾双方的相互克服，即"你吃掉我，我吃掉你"。矛盾对立面的相互排斥的进一步发展是相互克服，矛盾双方都力图剥夺对方的存在，其结果导致了事物的发展、飞跃。克服是矛盾斗争的最高阶段的表现，是矛盾双方相互分离达到极端、顶点的状态。这种状态亦即事物实现从量变到质变的一种临界状态，历史上的王朝更迭就是这一特性的典型体现。每一个新的王朝都是建立在旧王朝的废墟上，砸烂一个旧的世界，才能建立一个新的世界。

五行与矛盾

↗ 五行与矛盾的关系

以上我们论述了矛盾的对立统一规律，那么五行与矛盾有什么关系呢？如果将金、木、水、火、土看作物质的名称，是个名词，就很难将它与矛盾联系起来。我们所说的矛盾常指事物的性质，比如高矮胖瘦，描述的是某种性状，反差巨大的性状间便形成了矛盾。很多研究阴阳五行的人常将阴阳置于五行之内，比如阴水或阳水，这样的情形当然是存在的，但并不是五行的玄妙所在，如果反过来将五行置于阴阳之下去看待，脉络会更加清晰。五行的精髓是金、木、水、火、土、之间的生克关系，中医治病用的就是这个机理。生克关系的前提就是矛盾的存在，只有矛盾的对立面之间才会产生相互克制的关系，相生则是矛盾的调和状态。金、木、水、火、土五种具体物质都可以被赋予很多性质，这些性质间形成了矛盾，五行之间的相生相克，实际上是这些性质间的相生相克。

相克意味着两种性质间存在巨大的反差，相生则是因为性质比较接近或在某些特性上存在互补。用人与人之间的关系做类比，很快就能明白这个道理。生活中，我们讨厌某个人，与某人有矛盾，并不是讨厌这个人本身，而是因为他的某些思想观点、行为方式完全超出了我们能接受和忍耐的限度，双方之间只有分歧，没有共鸣，而且这种分歧不可调和，双方在一起总有挤对和打击对方的冲动。而我们喜欢的人通常是与自己有些类似或是在某些方面有些互补的人，这样的人或者与我们有相近的思维方式和行为模式，双方经常会有"英雄所见略同"的惊喜，或者他们身上有我们向往而自己又不具备的某种品质，所以双方能够取长补短，相互帮助。

一对矛盾的中间状态，便是与矛盾的两端都相生的状态。举个简单的例子，保守与激进是一对矛盾，那么与两者相生的就是那些既不完全保守又不特别激进的人，他是两方面都想拉拢和亲近的人。这也是历朝历代官场上的很多人选择首鼠两端、明哲保身的主要原因。站在矛盾的两端，不是你吃掉我，就是我吃掉你，斗争很激烈，风险系数极高。但风险与收益往往成正比，不愿承担风险也可能放弃了机会。老好人不会犯错误，也不堪担当重任。社会能够进步，我们应该感谢那些勇立潮头、敢于自我牺牲的人。

五行的相生相克也符合这样的规律，金、木、水、火、土代表的是矛盾的对立面，它反映是抽象的特性而不是具体的物质。比如，金有刚的性质，木有柔的性质，刚和柔就形成了一对矛盾，与金和木二者都相生的是水。为什么水与它们都相生呢？因为水具有两面性，可以至刚，也可以至柔。当水流的速度和水压达到一定的数值，水的刚性甚至能超越金属。在金属加工工艺中，有一项技术叫水切割，利用高压水流，能任意雕琢金属工件。水又有至柔的一面，形容一个人温柔多情，常用"柔情似水"这个成语。当我们将手臂伸入潺潺的流水中，感受到的是温柔的抚摸。水可以根据障碍物的不同，任意改变形状。水因为这些特性而达到了与金和木的相生。

我们可以将任何一对矛盾与五行建立联系，都可以发现同样的规律。比如冷和热是一对矛盾，与之匹配的五行应该是水和火，在常态之下，水应该是性质最冷的物质，而火无疑是最热的物质，火焰的最高温度可以达到几千摄氏度。与水和火都相生的是木，因为木可冷可热，蕴含了寒和热两种性质。吸足了水分的木，变成了水的载体，其性极其寒凉。发烧的时候，人们会用湿毛巾敷在额头上，而棉质毛巾的成分就是木（植物纤维）。然而凉的木也可转瞬变成热的源头，被点燃的干木烈焰冲天，其势不可当，其热让人难以忍受。我们食用的中药材，也属于木类，药材有寒性的，也有热性的，吃人参会上火，吃黄连可泻火。每种物质分别有很多的特性，有的特性可能处于矛盾的极点，有的特性则处于中间状态，就像一个人，他的智商可能在人群中是较好的，但情商可能是在人群中较低的，世界就是由无数错综复杂的矛盾体构成的，把握了这些规律，我们才能更好地理解五行的内在含义。

邹衍试图用五行相生相克的规律找到历史发展的趋势，但其缺陷是忽略了矛盾的多样性和复杂性。社会的变革，是各种矛盾集中爆发的结果，并没有一个统一的规律，也不是依靠一种力量可以有意为之的。历史之所以会一再重演，皆因为规律是必然性与偶然性共同作用的结果，并不以人的主观意志为转移，而这种客观规律，往往在事后才能显现出来。有时候，我们预计可能性很大、成功概率很高的事情，最后却失败了，而我们不抱任何希望的事情，反而带给我们无心插柳柳成荫的惊喜。人们往往把这些都归结为命运，其实，世界上从来就没有无缘无故的事情，如果有，那是因为我们暂时还没有找到原因。

中国人对五行的认识，大多来源于八字算命，我最初也是从算命先生那里听到金、木、水、火、土的概念的。相信五行的人大多是相信八字的人，将五行斥之为迷信的人大多是彻底的唯物主义者。虽然我承认算命在某些时候有些积极的作用，但我并不相信算命。把出生的时间与一个人的命运联系起来似乎有些牵强，难道同一时间出生的人命运都一样吗？解答不了这个问题，那么它的科学性就值得怀疑。但是为什么还有那么多人相信算命呢？道理很简单，因为人在命运面前总是不自信，充满焦虑和恐惧，尤其在面临逆境的时候，需要一种精神力量支撑自我；当人对发生在自己身上的许多事情无法理解时，需要通过一些牵强附会的理论为自己的遭遇找到合理的解释。

今天，以阴阳五行为幌子的很多迷信思想仍然在社会上泛滥，五行成了很多人招摇撞骗的道具。在新时代、新形势下，我们有必要对五行学说进行新的诠释和解读，去其糟粕，存其精华，让老祖宗这一宝贵的文化遗产绽放出更加灿烂的光芒。

第 3 章

人格理论概述

人格的概念

人格是一个很宽泛的概念，我们通常所说的人格，侧重于人的道德品质。比如，我们说某人人格低下，实际上是指他道德败坏，不符合社会一般的评判标准。在心理学上，人格的概念与此不同，它是指人的各种心理特性的总和，它决定了个体对环境独特的调节方式。延伸到文化和社会生活中，人格的定义甚多，从不同的方面着眼就会得出不同的定义。简言之，人格是个体在社会化过程中所形成的内部稳定和持久的组织结构。

人格概念源于希腊语Persona，原来主要是指演员在舞台上戴的面具，后来心理学借用这个术语用来说明：在人生的大舞台上，人也会根据社会角色的不同来更换面具，这些面具就是人格的外在表现。面具后面还有一个实实在在的真我，即真实的自我，它可能与外在的面具截然不同，因此对人的认识比对任何事物的认识都要困难。孟子说："人之初，性本善。"情况真是这样吗？"性本善"的人们经历了一定的成长历程，为什么有的人成为品德高尚的社会贤达，有的人却成为阴险狡诈的奸佞小人，有的人成为社会精英，有的人却沦为社会垃圾，难道都是环境造就了最后的结果？要了解其中的奥秘，我们需要了解人格的组成部分和人格的形成过程。

人格的结构

人格包括人的气质和性格。气质是表现在心理活动的强度、速度和灵活性等动力特征方面的人格特征，是人格的生物属性。性格则是表现在人对客观事物的态度和与这种态度相适应的行为方式上的人格特征，是人格的社会属性。

人格是十分复杂的心理现象，是一个多维结构，其主要的组成成分为人格的理智特征、人格的情绪特征、人格的意志特征及对现实态度的人格特征。

1.人格的理智特征

这是指人们在感知、记忆、想象和思维等认识过程中表现出来的个别差异。例如，在感知方面，有敏锐的感知者，也有迟钝的感受者；在思维方面，个体可分为理性分析者和感性领悟者；在想象力方面，个体又可分为信马由缰型和立足现实型等。

2.人格的情绪特征

这是指人们在情绪的强度、稳定性、持续性以及稳定心境等方面所表现出来的个别差异。例如，有的人经常处于情绪饱满、欢乐愉快之中，有的人却经常处于抑郁消沉之中；有的人情绪很平稳，总是波澜不惊的状态，而有的人却极不稳定，一时山呼海啸，一时又风平浪静。

3. 人格的意志特征

这是指人们为了达到既定目标，自觉地调节自己的行为，千方百计地克服前进道路上的困难时，所表现出的意志特征的个别差异。例如，有的人的行为具有明确的目的性，有独立的主见和质疑精神，做事积极主动，有克制惰性和欲望的自制力，在紧急或困难的条件下沉着镇定、勇敢、果断、有恒心、坚忍不拔；有的人的行为特征是冲动蛮干，易受暗示，在紧急或困难条件下张皇失措、胆小怯懦，工作中半途而废、缺乏恒心。

4. 对现实态度的人格特征

这是指人在处理各种社会关系方面所表现出来的个别差异，如对社会、集体、他人、学习、工作、劳动的态度。有的人善于交际，有的人则性格孤僻、不善言辞；有的人主持正义、不畏强暴、正直、诚实，有的人则欺软怕硬、阿谀奉承、狡诈、虚伪；有的人富于同情心，有的人冷酷无情；有的人不卑不亢、自信乐观，有的人缺乏自信、消极悲观；有的人对待工作勤奋、认真、细心、富于首创精神，有的人对待工作懒惰、马虎、粗心；有的人勤俭节约，有的人却挥霍浪费等。

人格的决定因素

目前人们普遍认为，一个成人的人格是由遗传和环境两方面因素形成的，同时还受到情境条件的影响。

1. 遗传

遗传指的是受基因控制的因素。遗传因素有外显部分，还有内隐部分。

外显部分是人的身材、相貌、性别等，内隐部分则是人的脑结构、神经系统及内分泌系统等。中国有句古话："人不可貌相。"说明外在的因素没有内在的因素对人的影响深刻。就像一台汽车，真正决定其性能的是动力系统与支持系统而非外壳，但外壳也很重要，好的外饰能够提高汽车的档次。同样，漂亮的外貌也可以给人带来光环，提高人的自信度和美誉度。人体的动力系统就是人的中枢神经系统，人体的支持系统就是人的周围神经系统，人的这两大系统与人的外表一样千姿百态，个体间存在着明显的差异。人的认知、情绪及意志，都受制于这两大系统，因此，基因在人格的形成中起着至关重要的作用。

生活中的很多现象都显示了遗传的强大影响力，比如，一对同卵双胞胎，即便从小将他们分开，在不同的环境下长大，成年后，他们的人格特质，甚至是兴趣爱好的一致性依然很高；而领养的孩子与养父母的秉性却往往相去甚远。

中国有句古话："一母生九子，九子各不同。"同一个家庭中长大的孩子，成长的环境相差不大，出生的顺序可能有部分影响，但并不严重，决定他们差异的主要是基因。人们可能有种错觉，认为一母同胞的孩子基因应该非常接近，其实不然，人身上携带的基因只有2%左右会表达出来，其他的则处于沉睡状态，并没有表达的机会。而孩子的基因是父母身上所携带的海量基因重新排列组合的结果，兄弟姐妹间的基因可能相差甚远。我们经常可以看到隔代遗传的现象，有的孩子不像父母，但却与祖父母非常相似。民间也有"外甥多像舅、侄女像姑姑"的说法。遗传基因是人格发展的内因，环境是人格发展的外因，外因要通过内因才能发挥作用。

2. 环境

雨果的名著《悲惨世界》中有句名言："世界上有罪的不是犯罪的人，而是制造黑暗的人。"不良的社会环境可以扭曲人的灵魂，迷惑人的心智，让好人也变成坏人。环境作为外因对人格形成的影响，正如温度和压力对化学反应的影响。人格形成的环境因素包括：成长的社会文化背景、家庭状况、早年的生活条件、学习经历、交友状况、所处的社会群体的规范、所从事的职业、所处的社会地位等，这些都对人格的塑造起着十分重要的作用。

3. 情境

法国社会心理学家古斯塔夫·勒庞在《乌合之众》这部著作中，对群体心理做了惟妙惟肖的描写。群体可以使人瞬间变成恶魔，比如一群人面对一个站在楼顶准备跳楼轻生的女孩，不是小心安抚，而是高声喊叫："跳呀！快跳呀！"完全违背人的伦常道德，这就是心理学上所说的去个性化现象。在群体中，个人会丧失其同一性和责任感，表现出与寻常状态下完全不同的人格特点，一个热忱、善良的人可能变得冷血、残酷。在极度恐惧的情境下，人也会表现出与平时完全不同的人格状态，比如一个理性而精明的人也会中了电话诈骗的圈套，表现得轻信、愚蠢。在巨大利益的诱惑下，人也会丧失原则和操守，变成一个连自己都不认识的人。情境对人格的影响说明人格是多面的、复杂的。

人格的生理基础

↗ 先有本质再有存在

人格受先天遗传基因的影响，而基因则通过人的各种生理机制表达出来。关于人类是先有存在还是先有本质的问题，一直是存在主义探讨的话题。存在主义认为世上的万物都是先有了本质然后才有存在，比如一张椅子，在它成为椅子的那一刻，它的材质、形状、使用功能等已经确定，即它的本质先已确定，它后来就以这样的本质存在着。而人却不同，人出生的时候是一张白纸，后来的一切都是自己书写上去的，因此他是先有了存在，然后才有了本质。存在主义的理论为人类后天的奋斗提供了依据和动力，留给人们无限的遐想空间，受到人们的认同和追捧。

情况真是这样吗？首先，我们要思考一个问题：人作为世界的一部分，有没有可能超越事物发展的一般规律？多子女的父母都有一个常识，孩子刚生下来就不相同，他们已带了各自的秉性，表现出很大的个体差异。人也应该是先有了本质，然后才有了存在。

秉持这个观点，容易陷入天定论的泥潭：既然一切天定，那么还有什么奋斗的意义，人生岂不是会陷入悲观和绝望？

这是个相当错误的认知，人类后天的奋斗，实际上是为了将自己的本质以一种最好的形式表达出来，而不是为了改变本质。即便身为一株小草，也要挺直腰杆，努力吸收阳光和雨露，让自己郁郁葱葱、生机盎然，否则就会枯萎、衰败。小草的努力不是为了变成大树，而是为了成为一株更加茁壮的小草。

这个世界能够和谐完美，得益于物种的多样性。大家相互制约，彼此成就，共同维护了地球的平衡。人类社会也是一样，很难想象如果地球人都是同样的智力、同样的性格，世界将会变成怎样的状态。

天生我材必有用，每个人来到这个世界上，都有自己独特的责任和使命。无论我们承认与否，事情总会朝着它既定的方向发展，顺应规律的人，最后获得了圆满的结果，而试图破坏规律的人，最后必定遭到规律的惩罚。

接下来，我们就要讨论人的本质是什么？人类的本质与人的本质不是一个概念，人类的本质是人区别于其他物种的独特性质，而人的本质则是个体区别于他人的一些特质。人和人之间的不同来源于心理过程在速度、强度、灵活性和稳定性方面的差异，这些差异决定了人的不同气质类型，而心理过程的产生则要以人的生理机制为基础。

决定个体差异的最重要生理机制就是人的神经系统，人的神经系统由中枢神经系统和周围神经系统组成。中枢神经系统包括脑和脊髓，周围神经系统分为躯体神经系统和自主神经系统。躯体神经是连接中枢神经与感受器官和运动器官的神经；自主神经又叫植物神经，是连接神经中枢与内脏器官的神经。神经系统又是由神经细胞即神经元组成。

大脑是人的中枢神经系统，但大脑两个半球有各自独立的功能。美国心理生物学家斯佩里博士（Roger Sperry，1913—1994）通过著名的割裂脑实验，证实了大脑不对称性的"左右脑分工理论"，并因此荣获1981年诺贝尔生理学或医学奖。左脑主要负责逻辑理解、记忆、时间、语言、判断、排列、分类、逻辑、分析、书写、推理、抑制、五感（视觉、听觉、嗅觉、触觉、味觉）等，思维方式具有连续性、延续性和分析性，因此左脑可以称作"意识脑""学术脑""语言脑"。右脑主要负责空间形象记忆、直觉、情感、身体协调、知觉、美术、音乐节奏、想象、灵感、顿悟等，思维方式具有无序性、跳跃性、直觉性等。因此，左脑发达的人理性思维优越，右脑发达的人感性思维优越。

人类的大脑结构相似，但功能却有很大的差别，这一方面是由于大脑的各个功能区神经细胞的数量在个体间存在差异，另一方面则由于人体的神经细胞本身也存在着差异。

人表现出不同的气质类型还与高级神经活动的特点密切相关。

↗ 高级神经活动特点

神经系统是怎么工作的呢？苏联生理学家巴甫洛夫发现，高级神经活动的基本过程是兴奋和抑制，它们又有强度、平衡性和灵活性三个基本特质。神经过程的强度是指，神经细胞能接受刺激的强弱程度以及神经细胞持久工作的能力有强弱之分。神经过程的平衡性是指，兴奋和抑制两种过程的力量有平衡和不平衡之分，且不平衡又有兴奋占优势和抑制占优势两种情况。神经过程的灵活性是指，兴奋和抑制两种过程相互转化的难易程度，有灵活和不灵活之分。

正是个体神经系统在强度、平衡性和灵活性三个方面的差异造成了人各自不同的气质特点。

- 神经细胞能接受刺激的强弱程度决定了个体的敏感性，敏感的人能感受到很微弱的刺激，对刺激的耐受性不高。

- 神经过程的平衡性决定了人情绪的稳定性，有的人情绪兴奋性高、抑制性低，有的人情绪兴奋性低、抑制性高。兴奋性太高会造成人的亢奋状态，抑制性太高则会造成人的抑郁状态，兴奋和抑制达到平衡才能形成稳定的情绪状态。很多精神疾病患者都有狂躁和抑郁双向障碍，就是由于兴奋和抑制的平衡调节能力出现了问题。

- 神经过程的灵活性决定了个体反应的快慢和动作、言语、思维、记忆、注意转移的速度等，灵活性还表现在人适应环境的能力方面。

人的气质还与情绪中枢（丘脑、下丘脑、杏仁核等）的特点有关，情绪中枢的发达程度决定了人体的唤起水平，使人在感觉兴奋性水平、腺体和激素水平以及肌肉的准备性方面产生差异。高唤起水平既可能使人兴奋、激动，也可能使人焦虑不安；低唤起水平既可能使人放松愉快，也可能使人懈怠、懒惰。

通过上面的分析，我们可以看出，决定人气质类型的有五个维度：

思维方式维度反映的是人理性思维与感性思维发展的状态，有的人理性思维具有绝对优势，有的人感性思维发展优越，也有的人感性思维和理性思维都高度发展或是两种思维的发展水平都不太高。

敏感性维度反映的是人对外部世界的感知能力，或敏锐，或迟钝，或精确，或扭曲。

灵活性维度反映的是人应对外界变化的能力，有的人机巧善变，有的人固执死板。

稳定性维度反映的是人自身的情绪调节与平衡能力，有的人镇定平和，有的人喜怒无常。

唤起水平维度反映了人对风险与伤害的防御水平，高唤起水平会让人产生过激的防御机制，低唤起水平会降低人的忧患意识。

思维方式维度，敏感性维度，灵活性维度，稳定性维度，唤起水平维度。人的气质特点，与他在这五个维度上所处的位置密切相关。

第4章

五行与人格

五行与人格的对应关系

前面我们已经论述过，五行之所以形成相生相克的关系，是因为它们代表的是矛盾的对立面。相克的两者，代表的就是一对矛盾，世界充斥着矛盾，矛盾推动这个世界的发展，人格也同样存在着矛盾。个体内部本身也存在着矛盾，比如人的左右脑，就是一对矛盾，在思维上它们有对立的特征，比如抽象与形象、理性与感性，而且它们也有统一的控制机体感觉和运动的功能。左右脑的力量此消彼长，双方都想控制主导权力，"斗争"越激烈，创造力就越强大，具有卓越创造力的人左脑和右脑的发展程度都非常高。

矛盾斗争激烈的个体，其自身体会的却是痛苦，他们有时要为这种矛盾付出惨重的代价，就像革命的过程是血流成河，矛盾斗争的过程也是惊心动魄的。斗争的结果可能是新事物的诞生，也可能是两败俱伤、玉石俱焚，要么成为天才，要么成为疯子，疯子与天才只有一步之遥。

个体与个体之间也存在着矛盾，比如，世界上有很理性的人，也有很感性的人；有敏感的人，也有不敏感的人；有很灵活的人，也有不灵活的人；有稳定的人，也有不稳定的人；有高唤起的人，也有低唤起的人。敏感与不敏感，灵活与不灵活，稳定与不稳定，高唤起与低唤起，这些就是一对对的矛盾。

人的气质类型可以用五对矛盾加以定义：

这样，我们似乎在五行与人格之间看到了某些联系，如果能用五行的名称取代人格这五个维度的十个极点，就可以用五行来定义人格的类型。为什么要用五行的名称来表达呢？一则为了形象直观，二则这样的表达方式可以界定人性之间相生相克的关系。五行的最大价值在于它揭示了事物之间相互作用的规律。

下面，我们就来看看如何用五行来取代这十个极点。

↗ 第一维度：思维方式维度

首先来看"感性"。在金、木、水、火、土五者之中，哪个最能代表感性呢？通过"风吹草动""一叶知秋"这两个成语，我们很容易就能联想到木是感性的最好代名词，找到了矛盾的一面，再找另一面就简单了。木的对立面是金和土，金和土哪个与理性更匹配呢？理性代表的是一种原则，一种法则，就像"1加1等于2""三角形的两角之和大于等于第三角"这些定理，不容改变，是一种刚性，金的刚性无疑要超过土，毫无疑问，我们用金代表理性。

感性（木）————理性（金）

↗ 第二维度：敏感性维度

再来看敏感性这个维度。敏感与感性实际上是相辅相成的，敏感是感性的基础，所以，我们依然用木代表敏感，那么它的对立面不敏感就用土来代表，千百年来，我们脚下的土地总是那样沉稳与厚重，显得有些钝感。

敏感（木）————不敏感（土）

↗ 第三维度：灵活性维度

第三个维度中的灵活用什么表示好呢？我们要选取金、木、水、火、土五种物质中最灵动的那种物质，显而易见是水。水的形状可以随容器任意改变，水的状态也容易改变，100℃以上就变成了气体，0℃以下又变成了固体。既然水代表灵活，那么不灵活就需要在土和火之间选择，我们会毫不犹豫地选择土，因为土是性质不容易改变的物质，虽历经风霜而不改本色。

灵活（水）————不灵活（土）

↗ 第四维度：稳定性维度

第四个维度中的不稳定用什么表示好呢？没有什么比火的稳定性更差了，火的特性就是变化，不可控制，一不小心就会惹火烧身。它的对立面稳定在金和水之间选择，毫无疑问，金要比水稳定得多，所以非金莫属。

不稳定（火）————稳定（金）

↗ 第五维度：唤起水平维度

第五个维度中的高唤起其实与第四个维度中的不稳定密切相关，唤起水平高，意味着兴奋度的提升，兴奋度太高一定会带来不稳定的情绪状态，因此我们依然用火来代表高唤起水平，它的对立面低唤起水平就用水代表，常言道"沉静如水"，水的特性是就下，与低唤起非常匹配。

高唤起（火）————低唤起（水）

这样，我们就将五行与人格特质结合在了一起。

感性（木）	理性（金）
敏感（木）	不敏感（土）
灵活（水）	不灵活（土）
不稳定（火）	稳定（金）
高唤起（火）	低唤起（水）

可以看出：

金型人是最理性、最稳定的一种人；

木型人是最感性、最敏感的一类人；

水型人是最灵活、唤起水平最低的一类人；

火型人是最不稳定、唤起水平最高的一类人；

土型人是最不敏感、最不灵活的一类人。

五种人格在各维度上的相对位置

找到了矛盾的两极状态还不够全面，我们还需要找到矛盾的中间状态，每种人格在五个维度上都有不同的位置，在一个维度上可能处于极点的位置，在另一个维度上可能处于中间的状态。

在思维方式维度上，火、水、土三类人中，土型人因不敏感、不灵活而表现得最为理性；火型人因不稳定而表现得最不理性。五种人格在思维方式这个维度上的位置应该是：

（感性）木 —— 火 —— 水 —— 土 —— 金（理性）

在敏感性维度上，木、水、金三类人中，金型人因理性、稳定、不易受外界影响而表现得最不敏感，火型人因不稳定、高唤起，对外界刺激的反应最激烈，但感觉的敏锐度却较低；水型人善于察言观色，敏感性相对较高。五种人格在敏感性这个维度上的位置应该是：

（敏感）木 —— 水 —— 火 —— 金 —— 土（不敏感）

在灵活性维度上，木、金、火三类人中，木型人因为敏感、感性，会主动根据环境调节自己的行为，表现得最为灵活；火型人因为不稳定、行为不可控，表现得最不灵活。五种人格在灵活性这个维度上的位置应该是：

（灵活）水 —— 木 —— 金 —— 火 —— 土（不灵活）

在稳定性维度上，木、水、土三类人中，木型人因为敏感度高，容易被环境影响，情绪起伏大，因而稳定性最低；水型人因为善于变通，较少有激烈的情绪表现，因而稳定性最高。五种人格在稳定性这个维度上的位置应该是：

（不稳定）火 —— 木 —— 土 —— 水 —— 金（稳定）

在唤起水平维度上，木、金、土这三类人中，金型人因为忧患意识与强意志力，情绪容易被激起，因而唤起水平最高；土型人因为不敏感，情绪不容易被激起，因而唤起水平最低。五种人格在唤起水平这个维度上的位置应该是：

（高唤起）火 —— 金 —— 木 —— 土 —— 水（低唤起）

这样，五种人格在每个维度上的位置就如下所示。

（感性）　木 —— 火 —— 水 —— 土 —— 金（理性）

（敏感）　木 —— 水 —— 火 —— 金 —— 土（不敏感）

（灵活）　水 —— 木 —— 金 —— 火 —— 土（不灵活）

（不稳定）火 —— 木 —— 土 —— 水 —— 金（稳定）

（高唤起）火 —— 金 —— 木 —— 土 —— 水（低唤起）

从图中可以看出，如果用金、木、水、火、土分别代表一种人格类型的人，他们就会具有以下的特点。

金型人：理性程度最高，敏感性中等偏下，灵活性居中，稳定性最高，唤起水平中等偏上。

木型人：感性程度最高，敏感性最高，灵活性中等偏上，稳定性中等偏下，唤起水平中等。

水型人：感性与理性都居中等水平，敏感性中等偏上，灵活性最高，稳定性中等偏上，唤起水平最低。

火型人：偏感性，敏感性中等，灵活性中等偏下，稳定性最低，唤起水平最高。

土型人：偏理性，敏感性最低，灵活性最低，稳定性中等，唤起水平中等偏下。

五种人格的典型特征

人格类型	认知特点	情绪、情感特点	意志特点
金型人	1.理性程度高，头脑聪明，学习能力强；部分人的感性思维也有较好的发展 2.高瞻远瞩，志向远大，常有改变世界、拯救苍生的万丈豪情 3.善于透过现象发现本质，谨慎质疑，大胆求证，不惧权威，敢于创新 4.做事有方略，统筹能力强，行事效率高	1.敏感性中等偏下，不易受外界影响，遇事镇定，处事冷静 2.对他人的情绪感知度不高，同理心不足，容易我行我素，刚愎自用。情感能力较强的金型人则表现出悲天悯人的情怀 3.不容易被情感左右，行事有原则，也可能会刻薄寡恩	1.好强上进，目标明确，具备较强内驱力，工作积极主动 2.对自我有较高的要求，具备较强的自制力， 3.是非分明，行事果断 4.意念执着，坚持不懈，富有责任感与使命感，能够承受一定的压力
木型人	1.感性思维发达，想象力丰富，部分人的理性思维也有较好的发展 2.部分人有艺术天赋，在文学与艺术领域有卓越的表现 3.也有一部分人具备较好的商业敏感性 4.注意力不容易长时间集中，对工作效率有一定的影响	1.敏感度较高，情绪容易受环境影响，有较大波动性 2.大部分人具备较强的情感能力，富有同情心，关注他人感受 3.部分人多愁善感，追求自由，向往极致的情感体验，有严重的情感依赖 4.有较重的逆反心理，有时也会表现出固执与倔强	1.在乎他人的评价，做事认真，自觉性高 2.部分人具备较好的自律性，也有一部分人容易对某些嗜好过于痴迷，缺乏自制力 3.决断力不足，时常优柔寡断 4.做事有较好的韧性，但是抗压能力不足
水型人	1.感性思维与理性思维均处于中等水平 2.思维的灵活性较高，表现得聪明伶俐、机智通达 3.大部分人具备较好的商业敏感性，善于把握商机 4.注意力容易转移，喜欢新奇事物 5.思维跳跃，容易产生高于实际的预期	1.情绪弹性较大，多数情况下表现得通达平和 2.内心渴望激情的生活，喜欢社交 3.有较好的情绪感染力，表达能力较强 4.善于察言观色，懂得取悦他人 5.部分人情感泛滥，游戏人生，对感情不能专注	1.渴望成功，有较强内驱力，有积极进取的人生态度，也有一部分人眼高手低，荒唐懒惰 2.自律性稍弱，有时不能很好地控制自己的欲望 3.做事有韧性，百折不挠，总能在绝望中看到希望 4.抗压能力较强，敢于冒险

续表

人格类型	认知特点	情绪、情感特点	意志特点
火型人	1.多数人感性思维优于理性思维 2.因为唤起水平较高，他们多数情况下依靠感觉对外界做出评判，理性常常不能发挥作用 3.想象力体现为对外界伤害的放大 4.有抵御风险的本能，很多火型人做事高效，最大程度遵循了经济原则	1.对外界反应过激，情绪极其不稳定 2.性格暴躁，有暴力倾向 3.同理心较弱，不太顾及他人的感受，喜欢惹是生非，制造事端 4.有较强的荣誉感，为人有仗义的一面，也有残暴的一面	1.焦虑感较重，行事比较主动，有较强的支配欲 2.行为有感而发，缺乏自制力，时常造成不可收拾的结果 3.处事果断，但往往是冲动决策 4.做事没有耐性，容易半途而废，抗压能力较弱
土型人	1.多数人的理性思维居于主导地位，少部分人的感性思维居于主导地位 2.偏理性者多有较好的动手能力，对技术较感兴趣 3.偏感性者，做事比较马虎，缺乏严谨性 4.总体灵活性较低，直线思维，不会拐弯抹角，有刻板倔强倾向；立足现实，没有梦想，务实但却无趣	1.情绪较稳定，很少有激情表现，部分人比较内向 2.情感能力较弱，不善于表达自己的情感，也没有太强的情感需求 3.偏理性者不太关注他人的感受，同理心不足；偏感性者乐观开朗，有较好的人缘 4.遵守规则，乐于助人	1.被兴趣驱动，淡泊名利，并无很强的内驱力，但能认真履行自己的工作与生活责任 2.目标不明确，容易懈怠，自律性稍弱 3.谨慎，胆小，决断力不足 4.对自己感兴趣的事情表现出持久的耐性，抗压能力稍弱

人格的极端与平衡

在对一个人的人格进行评判时，我们最常用的字眼就是"好"和"坏"。现今社会变得比较开放，人们的善恶观不再那么绝对，不会轻易给人贴上好或坏的标签。这是对人性认识的一种进步，但并不能因此否定善恶的存在。我们需要做的是正确地认识"善"与"恶"，找到"善"与"恶"

产生的根源，制约"恶"的蔓延，扩大"善"的影响，让社会系统处于一种良性的动态平衡中。

人性的善恶并非完全由某种气质类型决定，我们不能说金型人就比木型人好，也不能说火型人就比水型人差。人类能够和平共处，得益于人格多样性带来的互补和融合，就像中国的戏剧，生旦净末丑，各司其职，各显其能，缺一不可，它使人类世界变得丰富多彩，异彩纷呈。每种人格都有其存在的价值，都有各自无法替代的作用。

每种人格中都有我们所说的"好人"与"坏人"。很少有人认为自己是坏人，人们通常以自己设定的标准去度量他人，不符合自我价值判断标准的便被称为"坏人"，符合自我价值判断标准的则被称为"好人"。在贪官污吏的眼里，刚直不阿的人反而变成了"坏人"。是非善恶的标准不能以某些人的主观意志为转移，而是必须有一个客观评判的尺度，这个尺度便是社会的公序良俗，违反公序良俗的是"坏"，遵循公序良俗的则为"好"。公序良俗绝非一个至高的道德标准，否则满世界都将充斥着坏人，它应当是一个大多数人都能达到的标准。就像统计学中的正态分布，中间状态的数量达到了95%左右，两端的数量分布仅为5%左右，就人格而言，那5%超越常态的便是一种极端。太过理性，太过感性，太过敏感，太过迟钝，太过灵活，太过死板，唤起水平过高，唤起水平过低，这些都是一种极端。一旦人格出现了极端的状态，就容易导致出格的行为，对整个社会运作体系产生不良的影响，变成一种破坏的力量。

人格没有绝对的好与坏，只有极端和平衡的分别，极端和平衡是一种状态，处于动态变化中：在一定的条件下，平衡可转化为极端，极端也可转化为平衡。孔子一生以四绝——"毋意、毋必、毋固、毋我"要求自己，就是时刻提醒自己不要走向极端。儒家思想中的中庸，讲求的也是适中与合适，不能过左，也不能过右。人格中的极端不只有意、必、固、我四种，每一种人格都可能产生多种极端状态。中医养生讲求五行均衡、阴阳平衡，实际上，最好的养生方法要从性格入手。性格极端的人，无论什么神仙药方都无能为力。在社会生活中，那些性格极端的人常常面临糟糕的境遇：受人歧视、遭人诟病、孤立无援、精神痛苦，更有甚者违法乱纪、不得善终。自我修为的目标就是要避免性格中的极端。

第 5 章

25 类基本人格

世界上的人千姿百态，难道用五种人格就能将所有人完全涵盖吗？这样的分类似乎比星座的分类还要简单，其准确性难免受到人们质疑。

问题当然没有那样简单，如果用五种人格的特质到生活中比对，会发现很多人只有部分符合，有的人甚至会觉得金、木、水、火、土五种人格的特质在自己身上都有体现。这就牵涉到人格的复杂性。单纯一种人格的个体数量较少，很多人都是复合人格，在他们身上有两种或两种以上的人格特质存在。

每个人的基因都来自父母双方，所以同时具有父母两方的特质比较寻常。当然，人也不可能同时带有五种特质。特质与特质之间，是一种连续的线性分布，当某种特质超过了一定的界限，就被归为另一类别，只有在某种程度之内才被视为同一类别。比如，有的人性子很急，他认为自己带了火型特质，实际上金和木两个特质也会导致人的急躁，但这样的急躁与火型人的急躁程度有所不同，所以不能被表面的假象所迷惑。

根据五种特质排列组合的可能性，笔者先建立了自己的理论框架，后经过长期的实践验证，总结出25类基本人格。

金型人

主要特点：金型人是社会秩序的建设者。他们的优势是：理性程度高，有很强的逻辑思维能力，聪慧明达，追求完美，做事精益求精；作风严谨，行事公正，不畏强权，坚持原则；有忧患意识，具备较强的责任感与使命感；刚毅果决，坚定执着；穷且益坚，不坠青云之志。他们的缺点是：不善怀柔，对人较严苛，包容性不足。

金型人的理性体现在善于对事物进行分析、综合、抽象、概括，擅长在事物之间建立普遍联系，能够举一反三、触类旁通。因此理性的人通常学习能力较强。他们做事爱动脑筋，善于统筹，有策略，效率高，常有事半功倍的效果。聪明的金型人从小就有过人的表现，容易得到外界的认同和赞扬，在肯定中形成较高的自我评价和自我期待，产生远大的理想和抱负。

理性带来严谨的行事风格。严谨反映了人思维和行为的精确度，考量一个人是否严谨，可以参照两个指标：一个指标是他犯错的频率，另一个指标则是他重复犯错的概率。人的一生不可能不犯错，人都是在不断的试错中成长强大起来，逐渐步入成熟的，有些弯路非走不可。现在的很多家长，总是害怕孩子犯错误，走弯路，千方百计为孩子营造安全保险的温室环境，殊不知这种行为完全违背了孩子人格发展的规律，让孩子丧失了本身具备的抗挫折潜能，变得胆小脆弱，不堪一击。

人生早期的错误是一笔宝贵的财富。一个严谨的人也会犯错误，但他们善于从失败和挫折中总结经验教训，让自己犯错的频率变得越来越低。他们不会在相同的地方跌倒多次，即我们通常说的不贰错。

生活中，我们会发现，有的人做事稳妥，精益求精，总是能超越预期完成任务，他们在职场中能够迅速获得机会，得到晋升。而有的人却总是不断地重复犯错，仿佛不长记性，屡次遭受挫折后，他们不但没有减少犯错的频率，反而增加了狡辩和推卸责任的恶习。过去，面对这样的人，我常常会怒火万丈，忍不住耳提面命一番。后来发现，他们并不是有意为之，而是由于大脑的严谨程度不够，自己本身无法控制。就像一台机床，它的精密度在出厂时就已经设定好了，此后随着磨损程度的加剧，只会越来越差，而不会越来越好。人跟机器不同，在人生早期，随着阅历的增长，精密度会有所增加，过了这个时间段，精密度则呈现下降的趋势。40岁之后，随着年龄的增加，人的记忆力会逐渐衰退，总是丢三落四，行动也变得迟缓，这是人体器官功能老化衰退后的必然现象。

思维的严谨程度后天只能挖掘，却很难再造。应试教育对思维的严谨程度要求极高，对那些左脑不够发达的孩子，简直就是一种折磨。孩子被淹没在铺天盖地的试卷中反复训练，题目中设置了各种陷阱，孩子防不胜防。日久天长，孩子的严谨程度没有提高，反而养成了爱钻牛角尖的坏毛病，遇事总想到极端状态，降低了思维的灵活性，葬送了孩子的创造力，得不偿失。

金型人天生有严谨的思维，逻辑严密，思虑周详。古今中外的科学家都带有金型特质，好的医生大多也是金型人，严谨才能造就真正的科学精神。

理性带来优秀的统筹能力。良好的统筹要求人有统观全局的能力和化繁为简的能力，金型人的思维具有高度的概括性，善于透过现象看到本质，寻找事物发展的规律，他们善于抓住主要矛盾，忽略细枝末节，从根本上解决问题，避免了头痛医头、脚痛医脚的褊狭思维，大大提高了工作的效率。

在生活中，我们常常会看到这样一种现象，同样的工作岗位，不同的人去做，效率会大相径庭。有的人终日忙碌，劳精费神，事情却没有做好；有的人闲庭信步，轻松自在，却能将一切安排得有条不紊。前者看问题流于表面，做事先着眼细节，出发点错误，常常劳而无功；后者眼光精准，理解力深刻，一下子就能抓住要害，让复杂的问题简单化，产生四两拨千斤的奇效。

企业在选拔人才的时候，往往忽略了人的这项能力。实际上员工优秀的统筹能力是企业降低成本、提高效率的最有效保证。

理性让人产生忧患意识，使一个人具备责任感和使命感。长久以来，人们认为责任感完全是后天培养的结果，可是在相同环境中成长的人，责任意识却并不相同。人的责任感实际上受某些先天因素的制约，后天的环境只能通过这些因素产生影响，理性的思维就是其中最主要的影响因素。

理性的人能够预见事情发展的结果，懂得未雨绸缪。小时候，我们都听过寒号鸟的故事，寒号鸟因为没有忧患意识，得过且过，到了冬天，就只能在寒风中哀鸣。人类社会也一样，有的人"今朝有酒今朝醉，明日愁来明日愁"，就是因为没有预见性。只有真正明白不负责任的后果的人，才会产生强烈的责任意识。而有些后果并不是一目了然的，需要有一定的洞察力，如果没有理性的思维，恐怕很难做到。

影响人责任意识的第二个因素是人体的唤起水平与敏感性。唤起水平较高的人有较强的责任感（物极必反，唤起水平太高的人又变得缺乏责任意识），原因在于他们对环境的威胁反应灵敏，有更强的危机意识。不少敏感的人惧怕伤害性的后果，生活中表现得格外小心谨慎，对事情的每一个细节都力求完美，是极负责任的一类人。

责任感还与一个人承担责任的能力有关。通常我们认为，一个人因为不负责任，所以事情才做不好，实际上因果关系正好相反，一个人因为做不好某件事情，才会导致不负责任。人在成功的反馈中不断建立起责任意识。每个人在生活中都是选择性地负责任，一个对女人不负责任的男人，可能对他的事业很负责任；一个对工作很负责的女人，可能不谙家务，对孩子和家庭生活都缺乏责任感。责任感的形成应该遵循这样的路径：因为能把事情做好，所以建立了自信，自信反过来又让人愿意承担更多的责任，因为这样的责任意味着对自我的肯定。人之所以要做自己擅长的事情，正是基于这样的原因。金型人出众的办事能力，是其责任感的重要基础。

金型人是有批判思维和质疑精神的一类人。人之所以会迷信和盲从，往往是因为心智昏昧不明，这时候，自感安全的策略便是从众和服从权威。金型人有很好的思维力，能够形成自己独立的判断，遇事喜欢多问几个为什么，不经自己实证的事物，一般不会轻易采信。因此，他们在生活中有时会显得有些较真和桀骜不驯。

坚毅是金型人的另一个良好意志品质。在不同个体之间，意志力相差甚远。左脑除了负责理性思维外，还有很强的抑制能力，帮助人克服欲望和惰性，努力达成目标。一个人坚毅的品质一方面依赖于后天艰苦的磨砺和行为结果的强化，另一方面与其生理特质也密切相关，目标明确、志向远大的人往往更加坚毅。金型人的神经系统的稳定性较高，感受性适当，不容易受外界影响，这使他们具备了良好的自控力，为人沉稳，遇事冷静，"泰山崩于前而色不变，麋鹿兴于左而目不瞬"，是金型人的典型表现。

金型人还有很强的决断能力，在面临选择时，他们干脆利落，很少拖泥带水。日常生活中，决断的困难往往来源于选择方案太多或是备选方案之间的优劣并不明显。在一团乱麻的混乱局面中，什么能力可以帮助人快速做出选择呢？毫无疑问，是一个人的理性能力。理性能帮助人抽丝剥茧，透过现象看到本质，看到更深层次的利害。任何两种方案之间都有优劣好坏之分，只是当时不明显，需要一定的时间去加以验证。如同下一盘棋，真正的高手是能够下一步看三步的人，有了这样的判断力才能有落子不悔的勇气。

金型人的果断来源于依靠理性思维而获得的明辨能力。在战乱年代，逐鹿中原的军阀豪强们麾下都有几个军师，军师这个角色最适合的人选就是金型人。军师的职责是依靠自己卓越的分析能力和判断能力帮助领导作出正确的决断。他们不但要头脑聪明，还需知识渊博，博古通今，用普遍联系的观点看待事物，才能有更加高远的眼界。

金型人的决断力还来源于他们敢于担当的人生态度，在一个群体中，做决断意味着要承担责任。前怕狼、后怕虎，将损益看得过重的人，往往不敢决断。

金型人是最有原则的一类人。墙头草，两面倒，是因为没有根基。人没了信仰，也会变得摇摆不定。康德说："理性为自我立法。"理性的金型人因为有自己的独立见解，所以内心有一份坚定的信念，那是他们的人生信条，不会轻易改变，为了守护心中的原则，他们甚至不惜牺牲自己的生命。

在金型人中，由于后天成长环境与右脑发展水平的不同，性格表现会有一定的差异，亚当·斯密在《道德情操论》中说过，"同情心是一切道德的基础"。虽然决定人道德水准的不仅是同情心，理性能力也至关重要，但同情心的确会让人产生较强的利他动机。同情心的产生与先天的脑结构有一定的关系，人类情感能力的产生或许与大脑中的镜像神经元有关，对人类的悲悯首先要从感知到他人的情绪与痛苦开始，同一种人格类型的人在行为表现上有一定的差异，情感能力在其中产生了重要的影响。当然，情感能力并非完全由先天遗传决定，后天的成长环境也至关重要，在缺乏关爱或是溺爱的环境中成长的个体更容易导致情感能力的缺失。因为感性思维与情感能力发展的程度不同，金型人又有金-1型和金-2型两种分型。

1. 金-1型

生理特质：			
大脑左半球	发展程度较高或很高	**大脑右半球**	发展程度较低
敏感性	中等或较低	**灵活性**	中等或较低
稳定性	很高	**唤起水平**	中等或较高

主要特点： 金-1型人理性思维占绝对优势，感性思维较弱，不关注人情世故，行事以"应该"为标准，很少被情感所左右。

典型人物：北宋名臣司马光

司马光砸缸的故事人尽皆知，人们之所以对这个故事印象深刻，是惊诧于一个只有几岁的孩子居然有这样的聪明才智。金-1型人多早慧，他们从小就表现出过人的认知能力和意志品质。砸缸事件，不仅体现出司马光的聪明，还反映了他在面临危急情况时的冷静、镇定和超凡的决断能力。一般的小孩在那样的状况下早已乱了方寸、大脑一片空白，如何还能想出砸缸救人的计策？

用儒家思想武装起来的金-1型人，多数为人正直、为官清廉，司马光正是这样廉洁奉公的好官员。他为人温良谦恭、为官刚正不阿，做事刻苦、勤奋。他不仅人品好，而且为政有方，受到老百姓的爱戴和君王的赏识。后来因为反对王安石变法，他被宋神宗冷落、疏远，有志难酬，但他却没有因为贪图荣华富贵而放弃自己的原则。这也是金-1型人的一大特点，宁折不弯，他们可能因此遭遇挫折，经受磨难，甚至失去生命，但却毫不畏惧。

失宠落寞的司马光并没有颓废。他偏居洛阳，呕心沥血，主持编纂了《资治通鉴》，将自己的报国之心化作笔尖的激扬文字，为中华民族留下了宝贵的精神财富。这显示了金-1型人的另一大特点，他们对世界怀有强烈的责任感和使命感，执着，坚毅，不达目的誓不罢休。

西方人认为，信奉上帝才能使人道德高尚，可是中国古代的很多读书人不信奉上帝，却也同样表现出高尚的道德品质，这也许是康德断言"理性为自我立法"的重要依据。当然，并非读了书的人都会有道德，还要看读什么书，以及这个人是怎样的人格，读圣贤书才能启发人的理性，理性程度高的人才有更大的开发空间。中国有句古话："浪子回头金不换。"这句话的一层含义是说浪子不容易回头，第二层含义是说回头的浪子能量巨大。生活中的浪子很多，能够回头的却是凤毛麟角，那些能回头的多是具备较好理性潜质的人。他们由于身处不良的生存环境，被现实所迫，暂时埋没了自己的理性和良知，待环境变化，条件允许，或是受到他人的感召，理性和良知被唤醒，人生就会发生惊天逆转，做出不菲的业绩，雨果在《悲惨世界》中塑造的冉阿让这个人物，就是浪子回头的典型代表。

不同金型人的理性程度和倾向并不完全相同。有的人在意细节，追求秩序感，自律性强；有的人思维严谨，逻辑推理能力较强；还有的人融通性好，智慧明达。这几方面特点兼而有之的人并不多。生活中的金-1型人并不一定都如司马光那样聪明睿智，正直刚毅。每个时代的金-1型人都有其独特性，我在生活中看到的金-1型人多是这样的表现：他们目标明确，善于统筹，做事认真负责，精益求精，做人原则性较强，有操守和底线。

他们的身上也有一些缺点，有些人性格刚愎、固执己见，不容易接受别人的意见。还有一部分人情商较低，活在自己的世界里，完全不顾及他人的感受和想法。

右脑不发达的人，对情感的理解能力较弱，缺乏同理心，不懂得站在别人的角度考虑问题，因为这样的特质，很多金-1型人一生并不得志，高智商与低情商让他们中的很多人成为怀才不遇的人，在哀叹和郁闷中度过自己的一生。

每种人格都有极端和平衡之分，金-1型人的极端来源于极致理性而完全摒弃情感。这样的金-1型人通常表现得冷酷无情、刻薄寡恩，刚愎武断。

历史上的很多酷吏就是这样的人格。酷吏也有区别，像东汉光武帝时期的强项令董宣、明朝嘉靖时期的大清官海瑞就是为民请命的一类酷吏。他们疾恶如仇，刚正不阿，为了伸张正义，可以将个人的身家性命置之度外，一般人很难有这样的决心和勇气。

还有一类酷吏，像汉武帝时期的张汤，名声不是很好。他们野心勃勃，为了建功立业，成为皇帝的爪牙，四处罗织罪名打击异己。张汤与武则天时期的周兴和来俊臣又有所区别，后者为达目的不择手段，人品低劣，道德败坏，不是金型人的作为。张汤则是为了实现自己的抱负和原则而陷入疯狂。雨果在《悲惨世界》中塑造的警察沙威就是这种类型的人，他被冉阿让的高尚品质所感动，放弃了对他的抓捕，自己却选择了自杀，因为他违背了自己的原则。

张汤无情打击的都是他认为应该打击的人。有人说张汤很善于迎合汉武帝，总是秉承皇帝的旨意，四处构陷。但真实的原因却是，他信奉的原则与汉武帝的需求具有高度的一致性。汉武帝是位有雄才大略的君主,有强烈的开疆拓土的野心,与张汤建立不世之功的抱负高度契合,二者有共同的出发点,很多想法不谋而合,因此为汉武帝扫清障碍就成为张汤责无旁贷的使命。像张汤这样的人,本不善于曲意逢迎。张汤被逼自杀后,汉武帝派人抄了他的家,发现家中只有汉武帝赏赐的500金,一家人都过着清贫的日子,汉武帝知道张汤是个清廉而忠诚的人,深为后悔,于是处死了诽谤构陷他的朱买臣等人。

人的性格是多面的,很难用好或坏这样一个笼统的标准评价一个人,性格中的任何极端都可能造成不可估量的恶果,然而当事人自己可能并无清醒的认知。

2. 金-2型

生理特质:

大脑左半球	发展程度较高或很高	大脑右半球	发展程度中等或较高
敏感性	中等	**灵活性**	中等或较高
稳定性	较高	**唤起水平**	较高

主要特点: 金-2型人与金-1型人的很多表现比较接近,他们理性程度高,智慧明达;守原则,讲诚信,富有社会责任感;有理想,有目标,志向远大;追求卓越,坚韧不拔。但金-2型与金-1型人又有一些不同,金-2型人除了理性思维外,还有较好的感性思维,他们刚中带柔,作风更加严谨,气质温文尔雅,行事张弛有度,情商高,感染力强。金-2型人的敏感性比金-1型人高,对外界信息的反应更加迅速、准确;警惕性高,焦虑感较重,灵活性也比金-1型人高,既守原则,又懂得变通。他们是圆通而不圆滑的一类人。

翻开历史的画卷，名垂青史的金-2型人不胜枚举。他们在乱世中多是谋士，在太平盛世则是能吏，辅佐刘邦的张良与萧何、辅佐曹操的郭嘉、辅佐前秦皇帝苻坚的王猛等人都是金-2型人。他们有一个共同的特点：智慧超群，谋略过人，达到了算无遗策、计无虚设的高妙境界，无一不是具有超凡理性的人。非凡的天赋，加上后天广博的学习，让他们的理性得到了最大程度的发挥。在张良和王猛的经历中，都有神仙授书的传奇。其实世上并无神仙，只有具备真知灼见的民间高人，他们碰巧遇到了这样的良师，受到了点拨，帮助他们将天赋充分挖掘了出来。现今，似乎很少见到这样有智慧的人，这与当今的教育方式有很大的关系。如果学校一味采用填鸭式的教育模式，那么知识的洪流会完全将孩子淹没，人本有的智慧反而得不到启迪。理性也要通过正确的引导与艰苦的磨砺才能得到充分的开发。只有在自由的空气中，人的想象力和创造力才能得到最大限度的发挥。

典型人物：曾国藩

曾国藩在政商两界都备受后人推崇，他不仅建立了辉煌的功业，还在功高震主的情况下保全了自己，实现了自己的政治抱负，是将"中庸"思想发挥到极致的人。

曾国藩除了具备高度的理性能力外，又多了一份感性。感天地之灵气，不断地丰富自己、完善自己，在人品和人格上都达到了常人无法企及的高度。

左脑和右脑都发达的人，认知能力得到了大大的提升，直觉尤其发达。在生活中，仅有理性并不足够，理性认识要借助于感性认识才能更加全面和准确。有时直觉在决策中发挥着比理性更加重要的作用。人生就像走迷宫，在十字路口，谁也不敢保证有足够的理性选择正确的方向，那些选对了方向的人往往是具备良好直觉的人。人的直觉依赖的是感性和理性的配合，过于理性的人缺少直觉。曾国藩以善于相人而著称，这与他优秀的直觉密不可分。很多人在生活中常感运气不佳，与直觉欠缺有很大的关系。

汉武帝时的飞将军李广就是缺乏直觉的人。李广是个才能卓著的将军，可一生却未能封侯。汉武帝认为他是个运气极差的人，他这样的认知并不是空穴来风，李广在战场上的确是个背运的人。每次出击匈奴，不是方向错误、无功而返，就是遇到几倍于自己的强敌，被打得落花流水，性命几乎不保。在汉武帝眼里，他每遇大事就掉链子，不堪大用。李广的悲剧在于他的战争对象是匈奴人，打的是沙漠战。在茫茫荒漠上，方向难辨，人的直觉显得尤为重要，而李广恰恰缺少了这种能力，如若是平原战，他的结局也许就不会那样悲惨。

金-2型人也有一些缺点，他们心思缜密，思维严谨度极高，做事高度负责，喜欢亲力亲为。因为追求完美，所以很少有人能够达到他们的要求，殚精竭虑成为他们的人生常态。曾国藩呕心沥血，为国家贡献了自己的全部心血，也许是过于操劳、过度忧心，他在61岁就英年早逝。金-2型人需秉持一种超然的人生态度，才能卸下追求完美的人格枷锁。

金-2型人格也有极端表现，他们的极端主要表现为自以为是、恃才傲物。特别是早慧的人，更容易形成这样的人格倾向。他们从小就表现过人，在人们的赞扬声中一路走来，形成了较高的自我评价，优越感十足。人习惯了恭维之后，就很难从神坛上走下来，当感觉别人的赞美之声渐淡之后，他们就开始自我炫耀，不管别人感受如何，他们都要不失时机地展露自己的才华。如果能将他人的尊严踩在脚下，心里更能获得无上的快感。

三国时的杨修和孔融都是这样的人格，他们都有过人的才华，最后却落得悲惨的结局。如果将他们的死归罪于曹操的嫉贤妒能，难免有失偏颇。曹操一向以爱惜人才著称，怎么会乱杀贤才？他们都陷入了同样的人生败局，把炫耀才能当成了人生的主要目的，而才能本应是实现目标的一种工具，当才能失去了它的使用价值，就会变得一文不值。

现实生活中的金-2型人未必有我列举的这些杰出人物的优越表现。一则因为人的成功除了才能还需要机遇，机会对于每个人并不均等，成功的人未必比不成功的人更加优秀，只是因为世俗社会设定的成功的标准过于狭隘，所以金钱和地位似乎成了唯一的标准，以此为衡量标准，孔子在他那个时代也是个不成功的人。二则因为虽同是左脑发达的人，但发达的程度并不相同，有的人思维有高度的严谨性，却没有高度的概括性，那么他们的悟性就受到了限制，认识水平只能停留在一定的高度，他们的理性只能是有限理性。尽管如此，他们身上的许多优秀品质，如聪慧明达、严谨自律、正直负责、勤奋坚毅等，在人群中依然非常引人注目，在职场上能迅速脱颖而出，获得更多的机会。当然，也有一部分情商较低的金-2型人，读书时成绩优越，到了社会上却屡屡受挫，他们常感叹怀才不遇，空怀抱负，无处施展。这其实是他们性格中的感性没有得到充分开发，不懂人情世故。这样的金-2型人需要多学习人文科学的知识，懂道理，明事理，他们的人格有较大的提升空间，我们常说的开发潜能就是挖掘个体身上由于不良环境的影响而被蒙蔽的能力。《红楼梦》中有一句话说得好："世事洞明皆学问，人情练达即文章。"人情的学问就隐藏在那些经受时间的洗礼和考验仍然流传下来的经典之作中。

木型人

生理特质：			
大脑左半球	发展程度中等或较低	大脑右半球	发展程度较高或很高
敏感性	较高或很高	灵活性	中等或较高
稳定性	中等或较低	唤起水平	中等或较高

> **主要特点：** 木型人是人世间美的代言人。他们善于捕捉生活中的美，有较好的文学艺术天赋，但同时也容易被生活中的荆棘刺伤。梦想与憧憬是很多木型人生活的主旋律，他们中的不少人情感丰富，是浪漫爱情故事的主角。心中有爱的木型人富有同理心，情商较高，他们乐于奉献，不辞劳苦。看似柔弱的木型人有时也能以柔克刚，让人刮目相看。抗压能力与决断力是木型人的弱项。

敏感是木型人的最显著特点。敏感的人感受阈值低，一个嗅觉敏感的人能闻到别人闻不到的气味，能分辨出气味的细微差别，听觉敏感的人可以听到别人觉察不到的声音。

敏感性在不同的物种之间有很大的不同，即便是在同一物种间，敏感性在不同的个体之间也存在着巨大的差异。有的人极度敏感，受到很小的刺激就会引起情绪的大起大落；而有的人却极其迟钝，嬉笑怒骂，皆无反应。这些不同的行为反应模式并不完全由后天习得，先天的生理基础才是根源所在。

人类通过感觉器官接收外界的信息，传达这些信息则要依靠神经系统。在不同的个体身上，神经系统的敏感性并不相同。在同一个个体身上，不同的神经通路之间的敏感性也不尽相同。敏感性在人格形成的过程中扮演着重要的角色，因为感觉是一切思维和行为的基础，是巧妇手中的米，是农夫手里的种子——无米不成炊，什么样的种子就会结出什么样的果实。敏感度太低或太高，都会导致对世界的扭曲反应。身体的敏感往往带来心理的敏感，但两者并无绝对的因果关系，通过后天的修为，可以降低人的心理敏感性，让生理敏感的人摆脱心理敏感的困扰。

感性则是木型人的另一大特点。感性的生理基础是高度发达的右脑，感性是与理性相对的概念。感性的人情感丰富，心思细腻，有较强的情感需求；有一部分感性的人艺术天赋较高，他们对美的感受力超越常人，因此有好的鉴赏力和艺术表现力；感性的人还喜欢幻想，追求浪漫，他们大多有丰富的内心世界；感性的人情绪很容易被调动起来，他们富有激情，具有感染力。感性的人大多比较敏感，但也有感性的人敏感性并不很高，而有些很敏感的人却并不感性。不少感性的人有超越时空的感知能力，可以触发创作的灵感，感性特质对于进行文学和艺术创作尤为重要。从事文学创作的人，他们笔下的人物和景致并不一定是他们亲眼所见，却能将其描写得栩栩如生、惟妙惟肖，依赖于他们过人的感知力和想象力。

木型人通常表现得比较温和。感性的人能关注到别人情绪的变化，有同理心，一般情况下不会轻易将情绪暴力倾泻到他人身上，但敏感性太高的木型人具有两面性，在温顺的外表下也有桀骜不驯的一面，他们有较重的逆反心理，如果感觉自己受到了伤害，会有激烈的情绪反应，有时甚至有固执倾向。木型人左脑发展程度不高，控制的欲念不很强烈，没有指点江山、激扬文字的习惯，为人比较平和，是人缘较好的一类人。敏感性适度的木型人心地善良，没有太多的心机，乐于帮助他人，有较高的利他动机。

部分木型人比较关注细节。这是因为木型人的感受器官比较敏感，而感觉都是局部的和片面的，形成知觉后，才能对事物有整体的认识，借助于抽象思维，才能把握事物发展的本质规律。敏感性高、理性能力又不足的人，容易将认知停留在初级阶段，关注一些细枝末节的事情。管理学上有句名言："细节决定成败。"意思是说一个小小细节的疏忽可能导致满盘皆输，因此很多企业在做人才评估时，会把是否在意细节作为一个重要的指标。其实太在意细节的人反而容易出现细节的疏漏。就像看一幅画，如果着眼于每一个细节，反而很难发现它哪里不好，只有从整体来看才容易发现哪里是败笔。真正能把握细节的反而是金型特质占主导的人，而非单纯具有木型特质的人。有全局观的人才能真正杜绝细节的疏漏，环环相扣、步步为营才能减少错误的发生。木型人容易将片面理解为全面，将部分等同于全部，因此思维的广度和深度受到一定的制约。生活中很多木型人做事效率不太高，就与这一特质密切相关。

木型人是很谨慎的一类人。谨慎本质上是对伤害的一种防御机制，吃亏上当会让人变得更谨慎。中国有句古话："一朝被蛇咬，十年怕井绳。"木型人因为敏感，所以能感受到更多的伤害，也更加惧怕伤害。随着年龄的增长，他们会变得越来越谨小慎微。很多木型人有洁癖，就是对细菌伤害的一种恐惧心理所致。

木型人的抗压能力较弱，决断力不足。太敏感的人对刺激的耐受性较低，因此不能承受太大的压力。他们中的部分人有选择障碍。在两种情况下，人的决断力会受到影响，一种是信息缺乏，另一种是信息太多，这两种情况会同时困扰着木型人。一方面，因为缺乏理性，木型人的分析能力和判断能力不足，他们常抓不住问题的主旨，容易纠结于细枝末节而看不到重点，造成信息不明，因而影响决策。另一方面，也是因为敏感，他们往往会关注到很多无效信息，以至无所适从，给选择带来困难。有些木型人有强迫症，喜欢将东西放在固定的位置，编排固定的次序，就是为了对抗信息过于纷杂的一种防御性措施，有序是为了排除干扰、简化生活，以此来减轻自己的心理负荷。

从综合控制功能来看，左脑是人的优势大脑，生活中的大部分人都是右利手，从一定程度上印证了这一机理，因为我们右侧的躯体运动是由左脑控制的，所以，有一部分木型人的左脑能力也有不错的发展，只是跟金型人相比还有一定的差距。

木型人右脑发展的水平也受到左脑的影响，因为感性思维比较杂乱无序，需要一定的理性思维加以提炼和升华，才能变得完整而有序。

典型人物：宋徽宗赵佶、唐高宗李治

木型人柔性有余，刚性不足。可是偏有一些木型人"不幸"生在了帝王家，被迫承担起他们无法承担的艰巨使命。亡国之君宋徽宗赵佶就是木型人。宋徽宗的花鸟画和瘦金体书法都堪称一绝，在现今的收藏市场上价值连城，但他治国理政却差强人意。一个缺乏理性的人，识人不明，用人不察，又少谋寡断，结果弄得奸臣当道、民不聊生，招致毁家灭国的悲惨结局。

性格决定一个人的命运，机遇和环境同样影响一个人的命运。"虎落平阳被犬欺，鱼游浅滩遭虾戏"，错误的人生定位，对自己和他人都是巨大的灾难。

特别值得一提的是唐朝的第三位皇帝唐高宗李治，中国唯一的女皇帝武则天的诞生，与李治的性格密切相关。李治是典型的木型人。李治能继承皇位纯属意外，他既非长子，才能又很平庸，本没有机会角逐皇位。不料，他的那几位颇有才干的兄长野心太大，在各自利益集团的怂恿下，互相攻讦，彼此陷害，结果死的死、贬的贬，于是他意外登上皇位。

当时人人都说李治仁孝。史书记载，贞观十八年（644年），唐太宗将讨伐高丽，命令李治留守定州，出发前，因担心父王的安危，李治非常悲伤，整日啼哭。等到唐太宗大军凯旋，李治跟从唐太宗到并州，当时唐太宗生了个大毒疮，李治亲自用口吸脓，扶着车辇步行跟从了几天。贞观十年（636年），文德皇后长孙氏去世，晋王李治才九岁，泪雨滂沱，伤心欲绝，悲恸之情感动了众人，唐太宗多次加以安慰，从此特别宠爱他。

古人的仁孝观念有失偏颇，仁孝可以作为敦伦促教的方向，却不能作为皇位接班人的唯一标准。更糟糕的是，他们还把会哭与仁孝直接挂钩。英明神武的乾隆皇帝就曾经因为两个皇子在孝贤皇后的葬礼上哭得不够伤心而剥夺了他们继承人的资格。会哭的人都有非常感性的一面，感性的人容易受环境的影响，触景生情，情绪失控，他们的泪点较低。总体说来，感性的人比理性的人更有同情心，但是作为皇位的接班人，这样的仁孝却会带来不可估量的恶果。缺乏理性的人，魄力不足，怎么能够管理好一个庞大的国家？具有讽刺意味的是，以仁孝著称的李治，在父亲的病榻前就与父亲的才人暗通款曲，后来还导致江山易手，宗室惨遭杀戮。

被感性主导的人有善良的一面，也有软弱的一面，作为帝王，这就是巨大的人格缺陷。李治被武则天控制是一种必然。一个缺乏理性、优柔寡断，一个雄才伟略、刚毅果决，他们的性格互补，李治需要这样有见识又令他信赖的人为他做坚强的后盾，他从心底里喜欢和欣赏武则天，也离不开武则天的辅佐。生活中，经常看到这样的夫妻，妻子嚣张跋扈、强势凶悍，丈夫却唯唯诺诺、唯命是从。别人会觉得这个男人窝囊，活得憋屈，可男人自己却不以为然，他很欣赏自己的妻子，因为妻子身上的某些特质恰好弥补了他性格上的弱点，妻子成为他安身立命的坚强后盾，以他的能力，不可能在外面与人争锋，妻子的能力提高了整个家庭的竞争力，增强了他的安全感，他怎能不喜欢她呢？

武则天本是唐太宗的才人，却并未得到唐太宗的宠爱，原因是唐太宗是个强势的君主，强势的男人往往不喜欢强势的女人。现实生活中也是如此，很多强势的女人总想找一个比自己更加强大的丈夫，结果却总不能如愿。试想李治如果是寻常身份，武则天这样的女人也许不会多看他一眼。很多与武则天性格相似的女人往往婚姻不幸福，原因就在于她们看不上比自己弱小的男人，却不知那些不太有主见的温顺男人才是她们的真命天子。李治的懦弱恰好给了武则天机会，唐太宗把帝位传给李治的那一刻起，已经为大唐江山的危机埋下了伏笔。

生活中的木型人并不一定都有文学和艺术才能，有些人只是情感比较丰富，或是理性能力弱于感性能力，有些木型人的右脑能力和左脑能力处于几乎相当的水平，因为行事比较谨慎，他们反而认为自己是比较理性的人，其实，他们的大部分性格表现比较符合木型人的特质，所以我们依然把他界定为木型人。

木型人格的极端表现是严重的洁癖和强迫症，很多洁癖和强迫症患者都是因为过于敏感而引起的恐惧心理在作祟。在过去物质匮乏的时代，很少有人有这样的问题。现在条件好了，人们更加珍惜自己的生命；财产多了，人们更加害怕失去所有的一切。有的人出门，总担心门没锁好，反复检查，还有人总担心煤气没有关好，反复查看。如果一无所有、家徒四壁，也就根本用不着这样担心。因此，对于洁癖和强迫症患者，正确地看待生命和财产，才是治愈之道。

理性不足、过度敏感的木型人还会有学习障碍和自闭倾向。漫画家朱德庸就是这样的人格。据他自己介绍，他小时候是个被"踢来踢去"的孩子，他对文字的接受有困难，有学习障碍，没有学校愿意接收他，但他天生对图形比较敏感，后来成为专职的漫画作家。漫画与其他的绘画作品不同，其依赖的主要是人的感性能力，将生活中的人物和事件以一种夸张的形式表现出来。

过度敏感、对情感过于依赖的木型人还容易罹患精神疾病，作家三毛就是这样的性格，她有文学创作天赋，但是逻辑能力却不佳，因为数学成绩太差，小时候经常被老师责罚，幼小的心灵留下了深深的伤痕。容易受伤的三毛对人生却有超越常人的感悟，她的作品朴实无华，却感人至深。三毛有极其丰沛的情感，渴望爱情，美好的情感是她创作的源泉。失去了爱人的三毛像失去了给养的花朵，慢慢枯萎凋谢。三毛最后因抑郁症选择结束自己的生命，大抵因为在这个世界上已找不到她能爱的人。至情至性的人渴望爱，对爱也很挑剔。她希望遇到一个与自己有心灵共鸣的人，而不仅仅是生活伴侣，也许喜欢她的人很多，可是她喜欢的人却很少，敏感的心灵有严重的排他性。

木型人的另一种极端是偏执和倔强，这样的性格多发生在那些认知能力有限或是情感能力不足而敏感性又极高的人身上。

水型人

生理特质：			
大脑左半球	发展程度中等或较低	大脑右半球	发展程度中等
敏感性	中等或较高	灵活性	较高或很高
稳定性	中等或较高	唤起水平	较低或很低

主要特点：水型人是能为生活注入活力的一类人。他们精力充沛，敢于尝试，以自己跌宕起伏的人生书写了各种传奇故事。水型人机智风趣，不甘平淡，希望缔造万众瞩目的宏伟事业。他们心思活络，擅长构建人际关系，是信息传递的小喇叭。他们可能会在同样的地方跌倒多次，但起身掸掸灰尘，依然笑看风云。

水型人的最大特点是灵活。他们犹如弹簧，随着外界压力的变化会有很大的伸缩空间，可以放下身段，谦恭讨好，也可以意气风发，睥睨众生。这样的转换可以瞬间实现。

人的神经活动从兴奋状态转为抑制状态，或从抑制状态转为兴奋状态，都需要一定的时间，灵活度高的人，转换所需时间较短。比如，一个人正在心里咒骂某个人，这时忽见他迎面走来，灵活度低的人可能不能马上转换情绪，脸上很难显出愉悦的表情，而灵活度高的人则可以马上满脸堆笑，曲意逢迎。这是一种天赋，后天很难习得。

在商业社会里，灵活是个好品质，人人都渴望自己能灵活变通些，因为灵活有诸多好处：灵活的人脑子转得快，商业敏感度高，善于把握机会；灵活的人很会察言观色，能够左右逢源，善于构建人际关系，而良好的人际关系是事业成功的重要基础；灵活的人，快乐指数较高，人生的许多烦恼都是由心中的执念所造成，灵活的人善于从多角度思考问题，随时调整行动策略，不会一条道走到黑。他们有迅速适应环境的能力，没有太多的烦恼，所以水型人患心理疾病的风险极低。

灵活有诸多优点，也有致命缺点。过度灵活的人往往没有原则，也不遵守规则，他们以实用为原则，不愿意受规则和伦理道德的束缚。这会导致一个人欲望膨胀，心态扭曲，一不小心就会招致灾祸。

水型人是最有激情的一类人。他们精力充沛，喜欢寻找刺激，这与他们的脑干网状结构的敏感性较低有关。网状结构居于脑干的中央，由许多错综复杂的神经元集合而成，主要功能是控制觉醒、注意、睡眠等不同层次的意识状态。在这一区域敏感度高的人非常机警，外界环境的细微刺激就能导致大脑皮层极高的兴奋度，所以不容易进入睡眠状态。很多有睡眠障碍的人并没有很重的思虑和压力，但依然会时常失眠，就是由于网状结构超高的敏感性所致。有些安眠药就是通过阻断网状结构的通路来实现助人安眠的功效。当网状结构敏感度较低、传入冲动减少时，大脑皮质兴奋度就会减弱，人就会处于相对安静状态或转入抑制状态从而引起睡眠。水型人的这一特质让他们拥有很好的睡眠质量，这也是他们精力充沛的一个主要原因。在车上，那些上车不久就鼾声大作的人，十有八九是水型人。水型人喜欢寻找刺激，在某种程度上是为了对抗自己的这种生理机制。如果环境过于安静，或是外界刺激的强度不足，他们很快就会进入睡眠状态。为了保持警醒，他们只能寻找高强度的刺激，天长日久，就形成了一种行为习惯。生活中，那些喜欢呼朋唤友、四处游乐的人多是带有水型特质的人。

　　水型人有很强的虚荣心。虚荣是很多人的通病，但水型人表现得尤为明显，水型人是原始欲望较强烈的一类人，他们或喜欢美食（美食家多是带有水型特质的人）或热衷游乐（酒肆歌厅里最常见的也是水型人）。他们是追求物质满足的一类人，对精神生活的要求较低。物质的表现是外在的，他们需要通过某些标签来确认自己的价值，如财富、权势、地位等。所以很多水型人喜欢"打肿脸充胖子"，夸大事实，期望获得别人的羡慕和赞美，寻求一时的心理满足。

　　不少水型人在外表现得慷慨大方、一掷千金，但这只限于能满足他们虚荣心的场合，当对待家里人或是非重要关系人时，他们又是另一副面孔，慷慨和吝啬在他们身上交替出现。

　　水型人是富有冒险精神的一类人，这归功于他们乐观的心态，这种心态来源于低的唤起水平和灵活的思维方式。唤起水平高的人会放大外界的压力和威胁，反之，唤起水平低的人则会忽视外界的压力和威胁。试想一下，一个吃得下、睡得香的人，纵然明天天会塌下来，对他们的影响也不会太大。水型人有严重的愿望思维，他们倾向于按照自己的愿望预测事物发展的方向，时常高估成功的概率而低估失败的风险。

　　敢于冒险的人，往往能抓住机会，在市场经济的大潮中，率先富起来的很多人都是水型人。但冒险的尺度很难把握，过度的冒险就变成了冒进。有了一定经济基础的水型人，胆子越变越大，步伐越迈越快，为求更大的利益，他们常常会不计后果，孤注一掷。被欲望淹没了理性的水型人，能聚财，却不能守财。他们中的很多人都有过山车一般跌宕起伏的人生经历。

　　水型人的优点是敢于打破规则，勇于冒险，头脑灵活，富有感染力，有几分率真，也有几分可爱。与水型人在一起，不会寂寞，不会无聊，他们是制造快乐的人。他们的缺点是信马由缰、缺乏理性，思维不够严谨、漏洞百出。

典型人物：《西游记》中的猪八戒

尽管猪八戒好色又贪图享乐，但他无疑是师徒几人中最讨人喜欢的人。唐僧对他也偏爱有加，每当猪八戒犯了错误、闯了祸，唐僧总会为他袒护开脱。虽然，猪八戒屡被戏弄，但他并不放在心上，依然淡定自如，他心里很明白自己想要什么，也知道谁是重要关系人，只要跟领导搞好关系，任孙悟空再愤愤不满，也拿他没辙。猪八戒也有非常进取的一面，在高老庄，他就通过自己的勤劳能干让人刮目相看。高太公便曾夸过猪八戒：耕田耙地，不用牛具；收割田禾，不用刀杖。这样的小伙子谁不喜欢呢？如若不是酒醉后暴露了真面目，猪八戒就能够顺利做上高庄主的乘龙快婿了。生活中的很多水型人也往往有这样的发展历程，他们渴望过上富足的生活，起初往往勤奋上进，颇有建树，但在物质上满足后，他们就开始暴露出人性中恶劣的一面，以致前功尽弃。

水型人容易受环境的影响，在艰苦的环境中成长的水型人往往具备奋斗精神，他们对财富充满向往，对商机有敏锐的嗅觉，往往能够成就一番事业。而在优裕的环境中长大的水型人，则容易陷入败家子的极端状态，他们追求享乐，骄奢淫逸。历史上，很多荒淫无道的君主都是这种性格，这种极端状态的典型人物是汉废帝刘贺。

史书记载，刘贺行为荒诞不经，经常与下人吃喝玩乐，如果玩得尽兴、心情大好，他就开始无节制地赏赐下人。看似慷慨，实际上是虚荣心在作祟，让别人感恩戴德是满足虚荣心的一种重要方式。大臣龚遂是个正直之人，他见刘贺这样非常担心，于是进宫劝谏，建议刘贺近君子、远小人，挑选一些精通儒术、品德高尚的人一起生活。刘贺欣然采纳，还给了龚遂重重的赏赐。龚遂心里一阵惊喜，以为刘贺虚心纳谏，哪知他阳奉阴违，仅为息事宁人。没过几天，刘贺就把这些人又统统赶走了。水型人的这一特点却有几分可爱，他们会尽量避免正面冲突，很少与人撕破脸皮，即便不同意对方的观点，也很少正面对抗，他们会维持一团和气，这是水型人维护人际关系的一大法宝。

汉昭帝刘弗陵去世后，因为没有子嗣，大将军霍光便征召刘贺主持葬礼，也就是选中了他做皇位继承人。

刘贺到了皇宫后做了以下几件事：大吃大喝；大肆封赏随从人员；引乐人进宫击鼓吹奏，载歌载舞，还驾着皇帝出行时专用的车马，游玩畋猎。若是稍有理性和谋略的人，在刚刚即位后，总要伪装一段时间，待位置坐稳了再考虑自己的个人享受，刘贺也许懂得这个道理，但却耐不住自己的性子。欲望太强烈的人往往缺乏延迟满足的自控力。

朝中谨言慎行的文武大臣们哪里见过这样放浪形骸的皇室继承人，个个惊得目瞪口呆。以霍光为首的顾命大臣急忙召开紧急会议，列举了1000多条罪状，废除了刘贺，离他即位仅仅27天。刘贺摘取了中国历史上"犯罪频率最高"的桂冠，平均一天有30多条罪状。

水型人不适合从政，在官场上，他们不能廉洁自律，个性又太张扬，极容易犯错误。

水型人的另一种极端表现是虚伪和诓骗。那些骗财骗色的渣男很多都是水型人，他们是在灵活度上表现极端的人。一个人如果太灵活了，就会变得不守规则、蔑视道德。没有道德底线的人，什么事情都做得出来。而高的灵活度又给坑蒙拐骗提供了有利条件。一个人周旋在多人之间行骗，要做到不穿帮，并不是一件容易的事。行骗的人都是心理素质极好的人，要有超强的临场应变能力。我分析过见诸报端的那些非法集资犯罪嫌疑人的性格，他们大部分都是极端的水型人。以高利息诱人入彀，他们或许在一开始就知道这是一场无法兑现的骗局，抱着能骗一天算一天的心态，只要不断有新人进来，他们的奢华梦想就不会破灭。

水型人的第三种极端表现是好大喜功，急功近利，过度冒进。这是虚荣到极致的一种表现。一个人过于渴望成功，尤其是过于渴望表达成功，就会失去了集腋成裘的耐性，放弃了脚踏实地的精神，渴望一步登天、一夜暴富。这样的极端反而令他们欲速则不达，甚至毁掉已有的成功。生活中这样的事例不胜枚举，经常有新闻报道曾经的某个富豪负债自杀，他们中的大多数人是极端的水型人，胡适曾说"自杀的人都是乐观的人"，说的就是这一类水型人。正如淹死的都是会游泳的人，太过乐观的人往往失去了对风险的防范能力，深入险地而不自知，直至造成不可承受的后果，只有一死了之。

水型人的另一种极端是由能力欠缺所造成的。他们的欲望与满足欲望的能力不成正比，智商不高，情商一般，但是灵活度和欲望水平却不低，虚荣心也很重，渴望表现，但又没有什么表现的资本，因此心态容易陷入扭曲。

我曾在一档电视节目中看到这样一位水型人。据他的妻子描述，他的嗜好就是喝酒、赌博、说大话，他瞒着妻子将家中仅有的几万元钱借给别人，目的是让别人觉得他有钱，在家能做主。结果借债人跑了，借款无法收回。妻子责怪他，他死不认错，还借着酒劲打了她。妻子一怒之下提出离婚，他酒醒后又痛哭流涕，跪地求饶，乞求妻子的原谅。这样的人通常得过且过，喜欢吃喝玩乐，没有责任心和进取心，喜欢空谈，说得天花乱坠，做事有心无力。他们最后多陷入高不成低不就的境地，大事做不好，小事不愿做，成为别人眼中游手好闲、不务正业的人。小说《平凡的世界》中塑造的孙少平的姐夫王满银这个角色就是这样的水型人。

火型人

生理特质：

大脑左半球	发展程度中等或较低	**大脑右半球**	发展程度中等
敏感性	中等或较高	**灵活性**	较低
稳定性	很低	**唤起水平**	很高

主要特点： 火型人是对风险与危机最敏感的一类人。在乱世中，他们舞枪弄棒、快意恩仇；在治世中，也不甘沉寂，时常制造一些街头巷尾的谈资。他们精力充沛、斗志昂扬、冲动易怒、性格暴躁，崇尚以武力解决问题，没有耐心说理谈情。火型人受不了委屈，小小的冒犯对于他们就是巨大的伤害，可能激起激烈的防御反应。

火型人性格非常暴躁。人格中的暴躁有多种原因，第一种是因为有强力意志，希望左右他人，当愿望无法达成后，恼羞成怒；第二种是敏感度太高，感觉自己受到了莫大的伤害，形成一种爆发的反抗情绪；第三种就是像火型人这样，因为唤起水平太高，当情绪被唤起后，无法自控，必须如狂风暴雨般释放出来，才能归于平静。火型人极度缺乏情绪的控制能力，情绪失控是他们的常态。

火型人是容易冲动的一类人。人的情绪反应通路有两条，长通路和短通路。长通路是：刺激→丘脑→扣带回→大脑各区域相应皮质→反应。短通路更直接、更简单：刺激→丘脑→杏仁核→反应。大脑皮层是人的高级神经中枢，是所有思维活动的载体，是理性的来源，很多冲动的欲望经过大脑的思考权衡后都会被终止和遏制。控制情绪的最好方式是多等几秒钟，等待大脑皮层的指令，就不会做出让自己后悔的事情。这个道理很简单，可是为什么很多人做不到呢？原因就在于他们的短通路比长通路更发达，过于敏感的情绪中枢总是在大脑皮层接受到信息之前就做出了反应。情绪中枢的过度敏感，是火型人火暴冲动的根本动因，他们的刺激—反应模式是线性的，刺激越大，反应越剧烈。因此火型人的外在表现都比较直率，没有心机，也没有很深的城府。

火型人极易被暗示，容易受人操纵，被人利用。这是缺乏理性的人的通病，但是火型人高的唤起状态让他们的思维力和判断力进一步受到蒙蔽，他们特别容易认同那些迎合了自己某些想法的人，又不能分辨别人是真情还是假意，时常沦为他人为非作歹的工具。

火型人有较强的荣誉感和虚荣心。他们是完全被感觉左右的人，缺乏理性的判断力，但却非常在意自己的名声。缺乏理性的人大多没有坚定的信念，他们需要依靠他人的评价来确认自己的价值，喜欢听好话、戴高帽子。为了获取赞美，他们通常很喜欢表现，渴望在人前展露自己的优势。平和状态下，他们乐于助人，有一颗热忱的心，对于自己喜欢的人，像夏天般火热；但是对于得罪过自己的人，又会像冬天一般冷酷。他们考虑问题完全从主观出发，心情就是判断善恶的标准。喜欢快意恩仇的人，大多带了火型特质。对于被感觉主导的人来说，投桃报李是他们最本能的行为模式：你对我好，我也会真情以对。民风淳朴的地方，人际交往也遵循这样的原则。大家都凭本心做事，没有过多的机巧和狡诈，火型人的这种特质使他们中的一部分人为人仗义，为朋友愿意两肋插刀。

火型人性情急躁，没有耐心，无法安静。生活中很多人都有急躁的毛病，但成因却并不相同。有一种人是因为有完美强迫症，如果一件事情没有完成，会一直萦绕在心头，寝食难安，因此非常急切地想给事情画上一个句号，只有了结了，人的神经才能彻底松弛下来。还有人的急躁是因为过于琐碎，关注的事情太多，恨不得同时把这些事都做好，但又力不从心，因此心急火燎。火型人的急躁跟这两种情形都有区别，它是由于情绪的唤起水平过高，需要对抗这种高的唤起而形成的本能反应。唤起水平过高会给人造成不适感，人会莫名感觉焦虑，当事人自己也说不清这种焦虑感的来源，这才是最糟糕的情况。如果我们为某事焦虑，待事情解决后，焦虑源消失了，人的情绪就会平复下来。找不到源头的焦虑感更折磨人，为了消除这种焦虑感，他们需要借助不停的动作让自己感觉时刻都在抵御危险，以此获得心理上的安全感。

典型人物：《水浒传》中的李逵

李逵一方面鲁莽残暴、滥杀无辜，一方面又孝顺、率真，很重义气，为朋友赴汤蹈火，在所不辞。仔细分析后我们会发现，李逵对待不同的人展现的是他不同的一面，在他的世界里只有朋友和敌人的分别，不是黑，就是白，没有中间地带。这恰恰是一个人情绪化的典型特征。一般人会权衡利弊，考虑自己的立场，为了更长远的利益可能会选择隐藏自己的真实思想和情感，火型人却做不到这一点。

李逵回乡探母，路遇一贼人自称"黑旋风"李逵，真李逵见其竟敢冒用自己的名号作恶，怒从心中起，一下擒住假李逵，正待行凶，假李逵苦苦求饶，口称家中上有高堂、下有妻儿。李逵念此人虽然作恶，但亦是一孝子，于是放过了贼人。李逵对大哥宋江情分最重，可谓言听计从。但当他听闻宋江强抢民女的流言后，却怒砍"替天行道"大旗，要和宋江大动干戈。从这两件事情可以看出，李逵的行为完全由感而发，符合他价值观的即是好人，反之则是坏人，带着严重的主观色彩。李逵是个孝子，所以有孝心的人便被他归为好人一类；李逵不近女色，所以对好色之徒深恶痛绝，听到宋江强抢民女的谣言便义愤填膺。他根本不了解宋江，他喜欢宋江是因为宋江与他有很多共性，比如孝顺父母、不近女色等。

有人说李逵疾恶如仇，这个评价并不准确，应该说他"疾异如仇"才对，李逵并非一个有正义感的人，他浑身都是坏毛病，赌博耍赖，滥杀无辜。站在理性的角度分析，他自己就是一个作恶多端的人，何谈疾恶如仇？生活中的火型人与李逵有相似的表现，他们看起来很勇敢，但他们的勇敢是孟子所说的那种匹夫之勇，有勇无谋，意气用事，破坏性超过建设性。

火型人的极端表现是冲动残暴，冷血无情，完全丧失人伦大义，多为认知能力和情感能力都较弱的火型人。

某地曾发生过一起70多岁父母毒死儿子的事件。常言道："虎毒不食子。"有什么样的深仇大恨会让一对古稀之年的老人向自己的亲生儿子下毒手呢？原来，这个儿子不同凡响，做的都是惊世骇俗的事情。他从小被外公外婆娇生惯养带大，恶习深重。弟弟、妹妹稍不如他的意，他便拳打脚踢。在学校，欺负同学成了他的家常便饭，经常有学生家长领着被打的孩子找上门兴师问罪。父母无可奈何，只盼着随着年龄的增长，孩子会慢慢懂事，回归正道。这个孩子长大后，没有朝着父母预期的方向发展，反而变本加厉，在罪恶的深渊里越走越远。一天夜里，他从外面喝完酒回到家里，由于弄出的声响太大，吵醒了已经熟睡的弟弟。弟弟提醒他以后多注意点儿，没想到，此举却激起了他的满腹怨气。他奔进厨房，拿了一把菜刀，返身回到房间，举起手中的菜刀，残忍地向弟弟的头上砍去。杀死了弟弟，他本应被判处死刑，然而父母怜子，多方求情，才改判了无期徒刑。20多年后，儿子刑满释放，夫妻二人以为，经历了这样的教训，他应该洗心革面、痛改前非，一家人终于可以好好地过日子。没想到他却变本加厉，辱骂父母，索取无度，后来竟发展到毒打父母。绝望之下，两位老人把毒药拌在面里，端给了儿子。看着儿子毒性发作，在地上疼得翻过来滚过去、不住地叫骂，他们没有表现出丝毫的怜悯，而是冷眼旁观，直到他断气。

火型人的极端人格是心理学上所说的反社会人格的一种，因为无法控制情绪，他们常常成为激情犯罪的主角。

土型人

生理特质：			
大脑左半球	发展程度中等	**大脑右半球**	发展程度中等或较低
敏感性	较低或很低	**灵活性**	较低或很低
稳定性	中等或较高	**唤起水平**	中等或较低

> **主要特点：** 土型人是风浪中的压舱石。荣华富贵、功名利禄都不能激起他们太大的热情。他们有一种天然的安全感，宽厚待人，不喜与人争抢，也不太计较得失。土型人喜欢四平八稳的生活，说实话、做实事，不喜幻想、安于现状。他们的头脑中缺乏经营的理念，缺少经商的天赋，也不善于与人打交道。他们是生活中不会讨人喜欢的老实人，思想保守，刻板倔强，缺少情调。

土型人是较宽厚的一类人。一个人宽厚的最本质原因是不计较利益，控制和占有的欲望较弱。他们目的性不强，没有非分之想，也没有侥幸心理。人性的恶多来源于强大的欲望，淡泊名利的土型人，心地善良，他们以自己的善心度量他人的动机，看到的多是他人的优点，因此有一份宽容之心。他们如脚下的土地，有强大的承载力，即便是被压制、被忽视，也坦然受之，并无很多的怨言。这种行为模式的内在动因是超低的敏感性，对外界信息的不敏感，使他们过滤掉了很多有害信息，因此有一份天然的安全感。有安全感的人才能对别人表现出宽容和大度，战战兢兢、总是担心受到伤害的人，对人很难产生包容之心。因为不敏感，土型人不太在意别人的眼光和评价，任你风吹雨打，我自岿然不动。他们是最没有虚荣心的一类人，虚荣的人，都是太在意别人评价的人。如果像鲁滨逊那样一个人生活在一座孤岛上，任何人的虚荣心都会荡然无存。土型人屏蔽了许多外界信息，等同于将自己放在了孤岛上。

土型人是最诚实的一类人。诚实具有道德评价的色彩，诚实的品质似乎是道德教化的结果，但其实这只是一种外因，一个人先天的气质类型才是人格发展的内因。过于灵活的人，倾向于逾越规则，他们善于虚饰，很难成为诚实的人。而土型人却恰恰相反，他们的灵活性极低，不善于变通，反应速度较慢，应对环境变化的能力有限。这样的人缺少撒谎的天赋，他们一说谎话，表情就不自然，很容易被别人识破，与其这样，还不如老老实实做人。人的各种行为都要接受实践的检验，实践证明可行性极高的行为最后才被固化下来。喜欢诳骗的人也是因为在现实中屡屡得手、很少穿帮，胆子才会越变越大，最后从小谎发展到巨骗。

土型人是比较节俭的一类人。他们没有太多的物质欲望，也缺少赚钱的动机，他们倾向于通过压缩开支的方式积攒钱财，生活非常节俭。通常人们认为没钱才会节约，土型人却无论有钱与否都保持一贯节俭的作风。他们既不挑剔食物的滋味，也不讲究衣服的品位，一切从简。很多土型男人是"婚恋困难户"，一部分原因就在于过分节省，不舍得花费，很难俘获女孩的芳心，因为在恋爱阶段，女孩总会希望自己的男友是慷慨大方的人。

土型人是谨慎保守的一类人。土型人与水型人的许多秉性刚好相反。水型人胆大冒进，土型人则谨慎保守，他们惧怕风险和不确定性，喜欢过平静而安稳的生活。他们对自己的适应能力和应变能力没有信心，喜欢待在熟悉的环境里，不喜欢变化。土型人还是缺乏想象力的一种人，没有理想，更没有幻想，脚踏实地，立足当下。诗人汪国真说过："一个人能走多远，不要问双脚，而是要问志向。"缺少志向的土型人只能用双脚丈量自己的世界。

与水型人的灵活、融通相反，土型人很多时候表现得死板倔强。很多金型人也有倔强的表现，但土型人的倔强与金型人的倔强不同。金型人是因为过于自负，相信自己的思想永远正确，所以才不肯屈服。土型人的倔强恰恰相反，他们因为时常没有主见，做不了主，在群体里总是充当配角，因而滋生出一种逆反心理。人都有主宰自己的愿望，服从于他人是情非得已。土型人的倔强还与思维方式有关，因为灵活度不够，他们时常喜欢钻牛角尖，想法与人相左，因而显得比较倔强。他们虽然倔强，却并不执着，并不会要求他人一定按照自己的意愿行事，他们的倔强只是表达主权的一种方式。

典型人物：《西游记》中的沙和尚

在《西游记》中沙和尚总是挑着一副担子，吃苦受累，毫无怨言。他自知没有孙悟空那样降妖除魔的本领，也没有猪八戒巧舌如簧的口才，为团队做好后勤保障工作责无旁贷。沙和尚忠厚老实，不喜欢出风头，也不与人争功。对领导（唐僧）无限忠诚，对权威（孙悟空）满心佩服。在团队里，孙悟空最喜欢的就是沙和尚，因为在沙和尚这里他能找到充分的存在感。沙和尚打心眼里不喜欢猪八戒，但他不会像孙悟空那样去捉弄猪八戒，而是保持距离，做好自己的分内事。沙和尚个性憨厚，忠心耿耿，自他放弃妖怪的身份起，就一心跟着唐僧，从未动摇过。沙和尚是个极守规矩的人，不像孙悟空经常控制不了自己的野性与鲁莽，猪八戒总是色心不死，唯有沙和尚谨守佛门戒律，踏踏实实，谨守本分，没犯过什么错误，最终功德圆满，被如来佛祖封为"金身罗汉"。

现实生活中的土型人也多是这种表现。他们不好幻想，只活在当下。不为明天的事发愁，也不为昨日的事懊恼。如此洒脱的人生态度似乎是无数人向往的人生至高境界。但有时它也会产生负面效应。因为成就动机较弱，土型人容易滋生惰性，变得消极被动，在人们眼里就是不求上进。逆水行舟，不进则退，因这样的个性，他们不容易在事业上有所建树。土型人终身需要克制人格中懈怠、沉滞的趋势。

土型人的一种极端表现是行事死板、冥顽不化、极度保守、裹足不前，主要由灵活性过低所造成。他们不接受新鲜事物，因循守旧，思维僵化。这样的人，无论在何时何地都不受人欢迎，也很难获取人生发展的机会。

化解灵活性过低的最有效方式是开发自己的情感能力，开放的人生态度是提高情感能力的有效途径。只有不断学习、从外界吸取养分，才能实现与环境的和谐共鸣。

土型人的另一种极端状态是由唤起水平过低、认知能力有限所导致，典型人物是《三国演义》中的刘禅。

人们在赞美诸葛亮鞠躬尽瘁、功勋卓著的同时，也应该为刘禅记上一功。正是刘禅的宽厚善良，为诸葛亮提供了自由挥洒的舞台。翻开中国历史的画卷，昏君比比皆是，但能容忍一个正直的大臣为所欲为的昏君却只有刘禅一人。刘禅虽有些昏庸，却不是一个坏人，历史记载中并不见他有什么失德之事。他遵从父亲的遗训，对诸葛亮尊崇备至，言听计从，诸葛亮因此才有了大展拳脚的机会。有的人可能认为刘禅无能，不得不倚仗诸葛亮，这种想法过于简单，他们忽略了另外一种可能性。历史上无能的皇帝很多，他们最后多被奸佞小人把持，成为坏人为非作歹的保护伞，原因就在于他们与那些人有共同的价值观，自身品行不端。而刘禅却是个厚道人，他更喜欢诸葛亮这样严谨、正直的人。

刘禅被俘后，受到司马昭的戏弄，"乐不思蜀"的典故被后人耻笑了几千年。有人说刘禅就是个智障，怎么能说出那样的傻话；也有人说刘禅是大智若愚，他故意装傻，是为了保全自己。其实，大家都想多了，刘禅既非智障，也非大智若愚，他只是个没有什么心机的老实人，他不善于撒谎，喜欢实话实说。卸去了帝王重担的刘禅，不用再为千头万绪的国事烦心，也不用再为大臣的意见纷争左右为难，他的确感到比以前快乐多了，他只是说了一句心里话。

这样的人头脑简单，行动力低下，如同一团烂泥糊不上墙。刘禅被称为"扶不起的阿斗"，同出此理。生活中的这一类土型人，他们什么事情都做不好，也没有学习的欲望，工作马马虎虎，做人稀里糊涂，他们是生存能力比较低下的一类人。

金水型人

> **主要特点：**金水型人有超越常人的胆识与魄力，容易成为生活中的强者。他们头脑聪明，富有远见，灵活通达，精于权变，意志坚定，多谋善断。他们依靠自己的智谋与强力意志，形成对他人的影响力，有卓越的领导才能。金水型人作风比较强势，喜欢支配他人，对弱者缺少同情怜悯之心。

金水型人是胸怀大志的一类人。狮子和豺狗谁的志向更大？答案一定是狮子，因为狮子是兽中之王，其实力足以睥睨百兽。带有金型和水型这两种特质的人在人群中扮演的角色便是狮子在草原上扮演的角色。人的志向不会凭空产生，需要有一定的能力作为依托。人会不知不觉将自己与心目中的偶像做比较，这些偶像可能是历史上的名人、小说中的英雄，还可能是现实中让他敬佩和爱戴的人。当一个人发现自己与他们身上的某些特质吻合时，就会激发心中远大的抱负。金水型人兼有金型人的理性和水型人的灵活，规避了金型人过于重原则和水型人冲动冒进的弱点，严谨中有变化，灵活中有一定的原则，有着过人的胆识和魄力。很多金水型人，从小就是孩子王，在一个群体中很快就能建立自己的威信。外界不断发出肯定的信号，证明他有超越常人的禀赋，正因如此，他们才有高于一般人的成就动机。

金水型人是富有谋略的一类人。有谋略靠的是洞察事物本质、把握事物发展规律的能力，这种能力一部分来源于先天的理性能力，还有一部分来源于后天的学习。论对事物发展规律的把握，能力最强的一定是理性程度最高的金型人，但是金型人有一个缺点：过于理智，穷究死理，缺少一些变通能力。在现实生活中，理论和实践会有一定的差距，有时个体的理性会带来群体的非理性。就像法国心理学家古斯塔夫在他的名著《乌合之众》中所描写的那样，群体的行为有时会超脱理性的预测，他们就像精神病人，狂热和沮丧在他们身上交替出现。衡量一个民族的成熟度，要看群体的情绪是否稳定，过于稳定和过于不稳定都不是好现象。太不稳定意味着不成熟，太过稳定又显得老气横秋、缺乏生命力。过于理智的金型人就像中老年人，虽洞悉了生活的规律，却不一定能抓住生活中的机会。金水型人则不同，他们有较好的理性能力，又能灵活变通，骨子里还有一份疯狂，他们的心理与群体心理更接近，因此更容易把握时代的脉搏，成为时代的弄潮儿。

金水型人还是胆大勇武、敢于冒险的一类人。什么样的人胆子更大呢？我想起了戚继光招兵的一个标准。戚继光接受朝廷任命，负责在浙江沿海一带抗击倭寇。不久后，他发现了一个严重问题，他招募的那些士兵过于滑头，打起仗来贪生怕死，军队战斗力极其低下，戚继光非常苦恼。后来，他在义乌的山区里，无意间目睹了一场为抢夺金矿开采权而发生的械斗，大受启发，明白了人与人之间有很大的不同。如果招募这样一群敢死之士入伍当兵，何愁打不了胜仗？他比照这些人制定了自己的招兵标准，其中有一条要求非常具有建设性："眼睛一定要明亮。"这与我的研究不谋而合。在现实生活中，勇敢的人眼睛的确比别人更亮。大概是因为一个人的胆气充足，眼睛才会发亮。胆气充足的人需要满足一些条件，首先，他应该是一个身体健康的人，肝脏有疾病的人，眼睛就会失去光芒。其次，他是一个意志坚定、聪明自信的人。智者通常是眼神深邃、目光炯炯，因为智慧可以产生光芒；自信也能使人的眼睛熠熠生辉；意志坚定的人目光如炬，富有穿透力和影响力。坚定的意志和内心的自信就是勇气的来源。两个人打架，获胜的不一定是身体条件占绝对优势的人，而一定是心中有必胜信念的人。气壮者有如神助，气弱者有如鬼迷。金水型人的胆大勇武，还得益于水型特质所带来的冒险精神，他们不惧怕风险，渴望拥抱风险所带来的机会。

因为感性程度与情感能力的差异，金水型人又分为金水-1型与金水-2型

1. 金水-1型

生理特质：			
大脑左半球	发展程度较高或很高	**大脑右半球**	发展程度中等或较低
敏感性	中等或较低	**灵活性**	较高或很高
稳定性	中等或较高	**唤起水平**	中等或较低

> **主要特点**：金水-1型人除了具备金水型人的共性外，还有自己的特色——心狠手辣。狠毒的人通常是野心太大、缺乏情感能力的人，因为没有同情心，对他人的痛苦和不幸不能感同身受，所以有时会表现得铁石心肠。

被理性主导的人，一切以"应该"为标准，对自己残忍，对他人更无情。战国时期，魏国的大将乐羊笑着吃掉用儿子的肉糜做成的羹汤，表达自

己誓不退兵的决心，以此吓退了敌人，也震慑了国人。魏文侯从此对他心怀戒心，不再重用。其实乐羊是个正直的金型人，弃之不用，实在可惜。在那样的情势之下，儿子已经死了，再多的痛哭悲伤也不能换回儿子的生命，最理性的做法应该是强忍悲痛，打败敌国，为儿子报仇，为国家尽力。可叹魏文侯并不了解这一点，人与人之间的很多误解都是因为对人性的无知所致，同样的行为背后隐藏的却是不同的动机。金-1型人心虽狠，手段却不毒辣，真正心狠手辣的是胆大妄为的金水-1型人。金水-1型人野心大、欲望多，要实现野心和欲望需要排除的障碍也更多。凡挡路的都要被清除，绝不手软。金水-1型人并不像金型人那样有原则，他们漠视规则，不受道德的约束，为达目的可以不择手段。

典型人物：战国军事家吴起

吴起杀妻拜将的故事流传甚广。吴起曾在鲁国为官，齐国攻打鲁国，情况危急，有人推荐吴起为将军。吴起的妻子为齐国人，鲁国君主担心吴起不能死心塌地为鲁国效力，因此有所顾虑。吴起为表决心，毅然回去杀死了妻子，用妻子的人头做了他飞黄腾达的垫脚石。他有杰出的军事才能，果然一战成名，可也因此背负了灭绝人伦的罪名。鲁国不能容他，魏国也没有他施展的舞台，最后投奔楚王，仍然不得善终。

史书记载吴起爱兵如子，总是与士兵同食同寝。可是，一位母亲的眼泪却暴露了吴起的真实动机。吴启曾为一位士兵吸吮伤口，这位士兵的母亲见此情景，号啕大哭。别人问她原因，她说："当年孩子他爸就享受过这种待遇，后来他死心塌地为吴起卖命，死在了战场上。现在吴起又给我儿子吸脓，这下我儿子死定了。"后来，这位士兵还真的战死了。吴起的一切行为都为一个目标：出人头地，富贵显达。为了达到这个目的，可以无所不用其极。他明里与士兵一起吃糠咽菜、风餐露宿，背地里却贪婪好色、欲壑难填。后人常惋惜吴起卓越的军事、政治才能不得施展，否则一定会建立商鞅那样的不朽功业。其实这只是一种美好的遐想，吴起与商鞅是不同的两类人。吴起的目标不是辅佐他人，而是凌驾于万众之上，甚至把君王也不放在眼里；而商鞅的目标则是辅助君王成就霸业，商鞅的道德水准比吴起要高得多。吴起的行动准则是毁灭别人、成全自己，而商鞅的行动准则是成就别人，顺便成全自己。可用之才与不可用之才，区别就在这里。企业的老板如遇到商鞅这样的人才，可能成就一番伟业，而遇到吴起这样的人则可能先扬后抑，不得善终。

金水-1型人的极端状态，是《三国演义》中的吕布和明末清初的大将吴三桂那样的人格。这两个人生活在不同的时代，背景和履历却非常相似：都生活在乱世，以骁勇善战驰名，都为了女人做了惊天逆谋。如果就此认为他们是有情有义的男人，就大错特错了，他们只是好色男人，这样的好色男人往往最无情，女人只是他们用来满足生理欲望和心理欲望的工具。对女人的占有只是他们确认势力范围的一种方式，是标榜成功的一种标签。有人说吴三桂"冲冠一怒为红颜"，似乎如果不是刘宗敏霸占了陈圆圆，历史就会改写。其实陈圆圆只是一个借口，有没有陈圆圆事件，吴三桂都会反水，在野心家的眼里，只有利益，没有感情。据传说，陈圆圆后来出家做了尼姑，古佛青灯度过残生，这样的结局可能性极大，因为这非常符合吴三桂的性格。像吴三桂这样的人之所以反复无常，一方面因为情感淡漠，没有感恩之心，另一方面则因为膨胀的权力欲望，他们不甘心居人之下，是长了反骨的人。

吕布的表现更加露骨，为求上位，不停地认干爹，又不断地杀干爹。在他的心里根本没有感情，只有权力和欲望，别人永远是他的手段而非目的。如此反复小人，丁原和董卓为什么没有防备，都上了他的当呢？道理很简单，一则因为吕布有非凡的才能，可以助他们实现宏图大业；二则因为他们与吕布有某些共性，都是为达目的不择手段的人，类似的人更容易相互吸引。曹操抓获吕布后，也曾想将他收入麾下。刘备的一句话"明公不见布之事丁建阳及董太师乎"才让他打消了念头。不是刘备不爱才，也不是刘备识人更深，而是因为刘备与吕布的人品大相径庭，所以才对他有清醒的认识，人性相生相克的规律在此时起了作用。

2. 金水-2型

生理特质：

大脑左半球	发展程度较高或很高	**大脑右半球**	发展程度中等或较高
敏感性	中等	**灵活性**	较高或很高
稳定性	中等或较高	**唤起水平**	中等或较高

主要特点：金水-2型人比金水-1型人的情感能力强，想象力更丰富，能够海纳百川，包荒容垢。他们比金水-1型人更具远见卓识。一个人的远见除了要依靠理性的分析能力，还要依赖良好的直觉能力，金水-2型人右脑也比较发达，他们有感性的一面，直觉更加发达，更懂人心，能够以情动人，更有感召力。卓越的才能加上过人的情商，使他们无往而不利。

在生活中，最具影响力的并非理性而是情感，人们对事物的态度时常被自己的情感所左右。能给我们带来愉悦感的人和事，常能获得积极的评价；而给我们带来挫败感的人和事，则会获得消极的评价。为什么历朝历代昏君居多、奸佞小人层出不穷？原因就在于人们都喜欢被奉承，粉饰太平比直面现实让人感觉更加轻松、愉快，甜言蜜语总是比耿介忠言更受欢迎。这就是情商比智商更重要的原因。

典型人物：唐太宗李世民

据史书记载，李世民相貌堂堂，不怒自威，大臣觐见时常对其产生畏惧心理。威严说明他带了更多的金型特质，理性程度高，意志力坚强，能够有效克制自己的欲望。野史记载了很多唐太宗贪恋美色的故事。客观地说，作为一个帝王他并没有很过分的行为，喜欢美色是人之常情，沉溺美色才会荒淫误国。明君与昏君的区别是：是否有足够的理性驾驭自己的欲望，克服自己的惰性。

有人说唐太宗之所以励精图治是为了洗刷自己弑兄夺位的污点。这个观点站不住脚，历史上弑父杀兄夺位的大有人在，并不见他们心存愧疚，发奋图强。相反，很多这样丧心病狂的野心家只会变本加厉地祸国殃民。李世民的玄武门之变应该有他不得已的原因。被环境所迫做了恶事的人才可能洗心革面，本性凶残的人不可能迷途知返。人类具备某种先天理性，那就是良知，这种理性在每个人身上表现的程度并不相同。欲望太强的人可能埋没了自己的良知，让良知永远见不了天日。受不良环境影响的人，良知也可能被浮尘遮盖，犯下错误，但浮尘很容易被拂去。当境况改变后，他们的良知又会迅速被唤醒，回归正途，李世民应该属于这样一类人。

在中国的历代君王中，李世民是为数不多的几位没有诛杀功臣的帝王之一，他是一个心胸宽广、格局高远的君主。一个人的心胸与他所获得的安全感密切相关，这种安全感是一种主观的觉知，并非一种客观事实，人的性格就是客观事实与主观感知之间的滤镜。

格局是一个人人生的高度，站在泰山上一览众山小，会让人气定神闲、心旷神怡。如果深陷峡谷之中，四面被高山和峭壁包围，心理上难免产生焦虑和恐惧。格局就是人站在怎样的高度看待人生。

凡采用暴力手段逼人慑服的人，多是黔驴技穷，感到自己的控制能力日渐衰弱，只能依靠强权和高压，维持自己的安全感。

驾驭人才需要一种精神的力量，那便是我们常说的人格魅力，它会吸引义无反顾的追随者，具备这种魅力的人是能给人群带来信仰和安全感的人，自己都没有安全感的人，很难给予他人安全感。

李世民的贞观之治，使唐朝成为后人景仰与向往的千古盛世。他知人善任、亲近贤良，表现了人性中的至高智慧。李世民最为人称道的是他能虚心纳谏。喜欢听顺耳话是人的本能，而能虚心接受批评的人都有过人的理性与胸怀，他们能跳出自我看世界，具备了常人无法企及的客观性。

生活中的金水-2型人很多，但不一定有李世民这样的雄才大略。一个人的人格表现与后天的成长环境和所处的时代有很大的关系。很少有人具备李世民那样的家世背景，前面提到的吴三桂，出生于马贩子家庭，从小见识的就是投机取巧、尔虞我诈，他的境界不知不觉就受到了限制。原生家庭对一个人的影响贯穿一生。

在这一类人中，也有一定的分化，有的人金型特质占主导，而有的人水型特质占主导，性格表现会有一定的差异。

生活中的金水-2型人，大多头脑聪明，办事灵活，富有开拓精神，有领导天赋，在商场上如鱼得水，在官场上风生水起，是占尽先机的一类人。

世界上的任何事情都遵循物极必反的规律，金水-2型人的极端表现却很糟糕，他们刚愎自用，极其强势，目空一切，变成了一个傲慢的独裁者，那些在政界或商界晚节不保的人多是这种性格。在巨大的成功面前，他们逐渐膨胀、任意妄为。人一旦失去了制约，各种欲望就会蠢蠢欲动，纵然有很强的理智，终究抵挡不住冲天而起的欲浪。战国四公子之一的春申君黄歇便因这样的极端不得善终。

黄歇在人生的早期雄辩多才、睿智果决，为逐渐衰落的楚国立下了汗马功劳，受到君主的倚重，权倾朝野。由于皇帝昏庸，春申君实际上行使着君王的权力。人一旦失去了制约，各种欲望就开始膨胀。当时的君主楚考烈王没有子嗣，为保永久的权力，春申君受到小人李园的蛊惑，先将李园的妹妹纳为姬妾，待她怀孕后又将其献给楚考烈王，妄图用移花接木之术达成自己的目的。不承想"螳螂捕蝉，黄雀在后"，李园实则是为了实现自己的政治野心，楚考烈王死后，李园抢先一步诛杀了黄歇，把持了朝政。曾经英明的黄歇因为心术不正反而被猥琐的小人利用，招致悲惨的结局。

人的欲望是把双刃剑，没有欲望的人可能缺少发展的动力，而欲望过盛的人又容易招致灾祸。那么，人的欲望是怎样产生的呢？

一个人的欲望水平跟先天的生理特点和后天的成长环境都有密切的关系。比如色欲，就与先天的激素水平过高有关。有的男人对女色缺乏抵抗力，并不是因为他的意志力薄弱，他们在其他方面可能表现得很有意志力，为什么唯独过不了美人关呢？其实原因很简单。人在饥饿的情况下，很难抵挡面包的诱惑；胃口很好的人，想要减肥比登天还难；性唤起水平较高的男人面对女色的诱惑，意志很容易瓦解。

人的欲望还是社会文化的产物，比如一个人周围的人都穿名牌、开豪车，他也会受到影响，激起购物欲望。香车美女、金钱豪宅都是一种身份标签，可以满足人的虚荣心，使人心驰神往，这些不一定是真正需要的，而是为了满足他的攀比心理。

欲望水平还跟一个人的修养有关。一个精神世界很丰富的人，对物质就不会太感兴趣，一个有坚定信念的人也不会被浮华的物质世界所迷惑。孔子对中华民族的伟大贡献就在于他给历朝历代的知识分子提供了一种信仰。"修身、齐家、治国、平天下"的人格理想激励了一代代优秀的知识分子为了国家和民族的利益舍生取义，他们是民族的脊梁。

金木型人

> **主要特点**：金木型人是最具创造力的一类人。这个世界的大多数发明创造、哲理思想、精美艺术都出自金木型人之手。他们兼具较高的理性与感性，焦虑感较重，情绪起伏较大，内在矛盾激烈，有创造的源动力。矛盾也会带来痛苦，金木型人追求完美，对人和事持有较严苛的态度，包容性较弱。敏感性太高的金木型人，人际关系不佳，是心理疾病的高发人群。忧患意识过重的金木型人，会产生强烈的不安全感，为了寻找更大的安全边界，他们大多终身勤勉。

金型特质和木型特质是相互矛盾的两种特质。这样的矛盾是怎样产生的呢？实际上，我们就生活在一个充满矛盾的世界里，矛盾的对立统一就是事物发展的过程。人的左脑和右脑本身就是一对矛盾，左脑负责理性思维，右脑则负责感性思维。感性和理性从表面上看只是思维的两种形式，实际上两者之间却存在着对立关系。感性思维是分散的、杂乱的、不符合逻辑的，就像我们的梦境，匪夷所思又莫名其妙。在梦中，我们可以把完全扯不上关系的人和事杂糅在一起。人常说"日有所思，夜有所梦"，梦境的确反映了人的某些愿望和忧虑，但它表现的形式却很奇怪，完全不合常理，梦醒之后，我们多会哑然失笑，不放在心上，这也是理性对感性的一种"不屑"。

清醒状态下，我们的右脑依然喜欢沉浸在梦幻状态中，而左脑却总是试图将人拉回到现实之中。那些右脑发达，左脑功能较弱的孩子，时常注意力不能集中，有些人还会有多动现象，原因就在于他们总是游离在梦幻和现实之间，老师在台上讲课，他们的思绪早已随着窗外的鸟鸣声飞到了九霄云外。

当然，理性和感性并不完全是对立的，理性思维也需要感性思维的帮助，没有感性思维获得的思维素材，理性就成了无源之水、无本之木，没有理性思维的分析和升华，感性思维也会迷失其方向，就如同一部好的文学作品，既要有生动的情节和鲜活的人物，又要有深邃的思想和发人深省的社会意义。感性和理性的矛盾是人创造力的来源，理性通过克服感性的杂乱无序创作出精美的艺术形象。伟大的思想也诞生于繁复、庞杂的感觉，把复杂的感觉梳理清楚了就产生了思想，因此感觉麻木的人大多不会有太深刻的思想。

金木型人左脑和右脑都非常发达，兼具理性和感性，因此有卓越的想象力与创造力。 想象力是根据已有的形象在头脑中创造出新形象、新想法的能力，创造力是指产生新思想、发现和创造新事物的能力。想象力在很多人身上都有优秀的体现，而创造力则是更高智慧的结晶。想象力的源头是人的感知能力，敏感是想象力的基础，感性是想象力的触发器，但需借助理性思维才能将想象力转化成创造力。

比如，绘画这门艺术表面上看完全依靠形象思维来实现，但实际情况并非如此。如果画家像照相机一样把人物和风景定格在画布上，他的作品一定是凝滞的、死板的，缺少灵性。真正的艺术源于生活却高于生活，需要借助抽象思维才能找到绘画对象的本质，赋予绘画对象以生命力。齐白石画的虾和徐悲鸿画的马，也许与某一只具体的虾和某一匹具体的马都不相同，但却表现了虾和马的神韵，让人拍案叫绝。

再比如电影这门艺术，如果把我们日常生活的画面真实地拍摄出来，观众会觉得索然无味，艺术要展现一种真理之美，零散、庸常的生活画面并不能达到这样的效果。大仲马在《基督山伯爵》中有一句名言："照搬生活就是背叛生活。"其中蕴含的深刻内涵是艺术创作的真谛。想象力和创造力并不仅限于文学和艺术领域，在商业社会里，想象力和创造力也无处不在，生活方式、商业模式、科学进步都离不开这种神奇的能力。

金木型人是追求完美的一类人。追求完美的人实际上是思维的严谨程度过高的人，他们追求秩序、要求完整，不能容忍缺陷和疏漏。金型人思维的严谨程度也很高，他们做事精益求精，但是金型人的敏感性不如金木型人高，他们关注整体，对细节不是特别在意，追求的是整体上的一种完美。敏感的金木型人对细枝末节也不放过，要求每个细节都尽善尽美，有时难免有吹毛求疵之嫌。

金木型人追求完美还与他们过高的审美标准有关，敏感而感性的人对美有超乎寻常的追求，他们很善于从大自然中捕捉美的信息，也善于将社会的审美标准内化为自我的审美标准。观察那些喜欢赶时髦的人，他们一定都有非常感性的一面。纯粹感性的人只是有感而发，并不执着，具有超凡理性的金木型人，却将审美标准内化成了人生的一种原则，贯穿始终。一个人对美的苛求发展到一定程度就会出现泛化，从对物的苛求转化成对人的苛求，变成一个有心理洁癖的人，他们无法接受和容忍别人的缺点，排斥与自己价值观不同的人。

金木型人是焦虑指数较高的一类人，这样的焦虑一方面来源于敏感和高唤起，对外界的伤害与事物发展的不良后果容易产生过分的担忧；另一方面则因为追求完美的个性，因担心不能做到最好而产生完美焦虑。

金木型人是富有哲学思维的一类人。小孩子常有这样的疑惑：我到底是从哪里来的？是先有鸡还是先有蛋？随着年龄的增长和知识的扩展，有些问题得到了解答，但有些问题仍然找不到答案。尽管如此，多数人会将它们抛至脑后，不再追究。而金木型人却不同，随着年龄的增长，他们的疑问会越来越多，对生命价值和意义的探索成为他们终身的使命。有的人穷思竭虑也找不到答案，最后导致了精神分裂；而有的人独辟蹊径，找到了事物发展的规律，揭示了宇宙的本质，成为哲学家或是科学家。金木型人未必都能成为哲学家，但成为哲学家的大部分是金木型人。

哲学思维是人好奇心的一种体现。有的人一生都庸庸碌碌，对身边的事物漠不关心，像蝼蚁一样为了生存而生活；而有的人到了耄耋之年依然对这个世界充满好奇心，执着追求，永不懈怠。金木型人就是生命不息、探索不止的一类人。因为敏感，金木型人保持着较高的警醒状态，他们与环境息息相通，善于捕捉外界的信息；因为理性，他们倾向于对获得的信息做出评判，喜欢追根溯源，刨根问底，他们富有洞察力，看问题比较深刻，能够透过简单的现象发现事物发展的普遍规律，成为一个思想深邃的人。

根据左右脑优势地位的不同，金木型人可分为金木–1型和金木–2型。

1. 金木–1型

生理特质：

大脑左半球	发展程度较高或很高	**大脑右半球**	发展程度中等或较高
敏感性	较高或很高	**灵活性**	中等
稳定性	较低	**唤起水平**	较高

主要特点：金木–1型人的左脑能力优于右脑，理性思维居于主导，他们身上具备更多金型人的特质。

典型人物：美国前总统林肯、苹果公司前 CEO 乔布斯

林肯是美国历史上最伟大的总统之一，他出身贫苦，几乎没有受教育的机会，但是他凭借顽强的毅力和强烈的求知欲，完全依靠自学成为一位才能

卓越的政治家。林肯在任期间主导废除了美国黑人奴隶制度。他既是一个政治强人，有着坚定的信念和不屈不挠的战斗精神，又有悲天悯人的情怀和海纳百川的胸怀。林肯是有忧郁气质的人，有朋友评价说，他走路的时候，忧郁简直要从他身上淌下来。这样的气质是敏感和感性的外显。通常情况下，金木-1型人的情绪不是很稳定，有的人还可能性格暴躁。但林肯却可以做到被老婆泼了咖啡而依然不愠不怒，这与他的个人修为和成长经历密切相关。艰苦的生活磨砺了他的忍耐力，充满爱的家庭环境丰富了他的情感能力，对人类深切的同情化解了戾气，让他浑身充满人文情怀。心理敏感度适度而情感能力较强的金木-1型人充满睿智，又有很强的同理心，可以成为卓越的领导者。

苹果公司的前CEO乔布斯是敏感度很高、想象力丰富，但是情感能力稍弱的金木-1型人。

敏感性太高会对人造成困扰，加上理性和感性的矛盾，人的内心就会产生非常强烈的冲突。矛盾是创造力的源泉，也是折磨人的刑具。乔布斯在大众的眼里是天才、是奇迹，他给世界带来的改变让人惊叹、令人崇敬。然而熟悉他的人却对他多有诟病，同僚眼里的乔布斯斤斤计较、冷酷无情、独断专行、自以为是。没有一个人想成为自私自利、被人讨厌的人，但生理特质导致他们对外界产生了过度的防御机制，所以忧患意识终生伴随着他们。这样的人缺乏安全感，不喜享受，苦行僧一样的生活反而能让他们的心灵更加安宁。乔布斯成功之后依然过着简朴的生活，永远是一件简单的T恤衫，没有豪宅，也没有饕餮大餐。在很多人眼里这似乎不可思议。这个世界上有一类人赚钱是为了实现自己的价值，自我实现就是他们的终极目标。在马斯洛的需求层次理论中，自我实现被定义为一种最高层次的需求，有的人可能终身没有这样的需求，很多人有钱有权后就开始纵情声色、腐化堕落，他们追求的只是原始欲望的满足，本质上没有脱离动物性。社会的权力和财富如果流转到这样一群人手里，就会变成一种灾难。

乔布斯的一生是辉煌的，但他的心灵却是痛苦的，他年轻时曾抽过大麻，后来还数次去印度寻求禅修之道，总有一种精神的枷锁让他的心灵不得安宁，他的英年早逝与自己矛盾纠结的性格不无关系。

《从0到1》的作者彼得·蒂尔也是金木-1型人。他的头脑中充满奇思妙想，不走寻常路，不模仿他人，永远做别人没有做过的事情。他曾经说过："基于互联网的创新都不叫创新。"在他眼里，那不过是抄袭和模仿。然而他忽略了一个现实：世界上有多少人能有他那样的创造力呢。想象力丰富的金木-1型人有一定的冒险精神，敢为天下先，有强烈的改变世界的愿望。

计算机之父图灵也是这样的性格。他们有异于常人的思维方式，上天似乎将一种神奇的物质注入他们的头脑中，这种神奇的物质既是灵丹也是蛊毒，它在激发人非凡创造力的同时也有巨大的副作用，当事人需要付出沉重的代价。图灵因为同性恋问题被迫害导致自杀；彼得·蒂尔也公开承认自己喜欢同性。不凡的头脑也带来了不一样的性情和偏好，出格的人在方方面面都表现得离经叛道。

生活中有一类金木-1型人只是敏感，并不感性，没有多少想象力和艺术才能，他们在生活中表现得谨小慎微，严谨自律，戒备心理较重，对他人缺乏信任，遇事喜欢亲力亲为，标准严苛，缺乏包容之心。

金木-1型人格的一种极端状态是精神疾病，德国哲学家尼采就是这样的性格。尼采在文学方面是个天才，他24岁时就成为瑞士巴塞尔大学的德语区古典语文学教授，他的一生一直遭受精神疾病的折磨，他的很多哲学思想实际上反映了一个狂躁病人的精神世界。在《悲剧的诞生》中，尼采认为希腊悲剧是由于日神阿波罗精神与酒神狄奥尼索斯精神的对抗与调和而产生的，在这里，日神与酒神的斗争实际上反映了人类理智和欲望的斗争，在人的头脑中，就是理性和感性的斗争。尼采终日生活在这种矛盾和痛苦中，他试图在这样的痛苦中寻找一种升华、一种解脱，最后却失败了。

我曾看过一个狂躁病人的文章，在其中，我清晰地嗅出了尼采的气息。尼采强调权力意志，呼喊"上帝死了"，要求价值重估，这位病人在文章中也同样表达了征服世界、睥睨一切的野心和豪情。在清醒状态下，他有太多想做而不敢做的事情，只有在狂躁状态，他才可以恣意表达自己的想法。一个敏感性太高、思想太纷杂的人，当理性已不足以制约与解释他们的所思所想，就容易产生精神错乱。

金木-1型人中，还有一种极端状况较为普遍，这样的人敏感性很高，但是情感能力却很弱，感性思维也受到压抑。他们通常表现得偏执、狭隘、苛刻、睚眦必报，有些人甚至产生反社会倾向。轰动一时的北大学生弑母案的凶手吴谢宇就是这样的人格。他们在日常生活中表现得谦和阳光，实际上这只是一张面具，他们的内心积累了太多的负面情绪无法释放，一旦到了忍耐的临界点，就会产生巨大的破坏力。

这样的性格倾向跟先天遗传有一定的关系，但关键的影响因素还是成长的环境。金木-1型人如果在成长的过程中没有得到正常的关爱，或是个性受到了严重的压抑，很容易产生这样的后果。人格的封闭是造成这种现象的主要原因。健康的人格需要与环境的互动，心灵也需要多"晒晒太阳"，不接触光明，很难拥有阳光的心态。

2. 金木-2型

生理基础：

大脑左半球	发展程度较高或部分较高	大脑右半球	发展程度较高或很高
敏感性	较高或很高	灵活性	中等或较高
稳定性	中等或较低	唤起水平	中等或较高

　　主要特点：金木-2型人的左脑不如右脑发达，但他们的理性能力与他人相比依然有较大的优势，只是他们的右脑更加发达。金木-2型人情感较丰富，化解了敏感性带来的部分困扰。同理心较强的金木-2型人灵活度较高，有较好的人际沟通能力。思维的融通性较高、敏感度适中的金水-2型人行为表现比较旷达。而自律性或逻辑性较高、但融通性不足的金木-2型人，为人比较谨慎，焦虑指数较高。

典型人物：苏轼、霍华德·舒尔茨

　　右脑发达的人，能力体现的方向不尽相同，有的人在文学方面表现出杰出的才能，唐宋八大家之一的苏轼就是这样的金木-2型人。

　　苏轼的性格狂放不羁，他一生仕途不顺，饱受颠沛流离之苦，这与他率真的性格有关。在官场上，需要时刻保持理性，太过感性的人言行容易有漏洞，很容易给政敌留下把柄。但这并不代表苏轼缺乏理性，他对世事的感悟充满睿智，处理公务举重若轻，被贬到哪里，反而造福了一方百姓。苦难从未瓦解他的意志，面对坎坷的命运，他表现的不是悲观和消沉，而是乐观与豁达。苏轼被称为豪放派词人，他的作品立意高远、气势磅礴。作品往往反映了一个人的性格。婉约派词人多是些多愁善感的人，豪放派词人则是心胸坦荡、志向远大的人。他们充满浪漫主义情怀，生命不止，希望不灭；他们是有梦想的人，梦想给了他们希望和无穷的生命动力。

　　科学研究发现，能促进大脑分泌多巴胺的是对奖赏的期待，而非真正的奖赏，希望才是令人快乐的真正原因。即便是在晚年，在希望越来越渺茫的情况下，苏轼仍能给自己找到新的寄托，他从陶渊明的诗作中获得慰藉。他的《和陶诗》表达了晚年的这种心态，不能"奋厉有当世志"，像陶渊明那样，淡泊名利，寄情于田园山水之乐，也是一种逍遥的生活态度。

在现代社会，很多金木-2型人，表现出极高的商业天赋，他们的想象力非常丰富，从小头脑中就充斥着各种奇怪的想法，不安分，喜欢折腾。星巴克咖啡的创始人霍华德·舒尔茨就是这样的人格。霍华德·舒尔茨在读书时成绩并不出众，他出生在一个贫苦的家庭，没有好的成长环境，靠体育特长才获得了上大学的机会，依靠贷款、打零工、卖血勉强完成了学业。毕业后，他成为一名优秀的销售人员，工作六年后就在繁华的曼哈顿上城东区买下了自己的房子。他在自传中提道："可是没有人能理解，我手里握着这些，心里依然没有安全感。我好像老是在惦记着什么东西，我想把命运紧紧地攥在自己的手里。"这样的感觉促使他走出舒适区，开始了自己的创业之旅。星巴克的成功在于霍华德·舒尔茨对传统咖啡店的创新经营，让咖啡店变成了一个交际场所，承载了社交功能。"有温度，有味道，有惊喜"成为它提供给客户的新的价值体验。

很多金木-2型人在学校时学业并不优秀，不是他们缺乏理性，而是理性还未得到充分开发。想象力丰富的人喜欢做白日梦，注意力被分散，无法将精力专注在学习上。待成年以后，思想发展成熟，他们的理性能力才能慢慢地体现出来。

想象力较丰富、情感能力较强的金木-2型人的灵活性较高，但并不会像水型人那样灵活到丧失原则，这样的禀赋为经商提供了良好的条件，使得他们在商场上挥洒自如。这样的金木-2型人有一定的冒险精神，但他们的冒险与水型人不同，是一种谨慎的冒险。他们一面天马行空，一面又心思缜密，考虑周详，是较有谋略的一类人。

金木-2型人还有部分人在绘画上表现出杰出的才能，张大千就是这样的性格。他的作品有大气磅礴、气势恢宏的意境，与苏轼的词作有异曲同工之妙。画家的画风也与性格密切相关，胸中有丘壑，笔端才能有壮景。

金木-2型人因为左脑发展水平的不均衡，表现也有一定的分化，有些金木-2型人的左脑只有部分功能较好，或是思维的严谨性较高，或是意志力较强，但思维的融通性并不是很高，看问题的视野不够广阔，容易受到情绪的困扰。不少电影演员和运动员是这样的人格。

金木-2型人中，人格开放、情感能力较好的人，性格比较平和，情商高，容易与人相处，做事更容易成功。如果人格封闭、敏感性太高，则会变得自我狭隘，喜欢斤斤计较，情绪容易被激惹，人际关系不佳。

金木-2型人的第一种极端状态是极度自恋，逃避现实。清朝的乾隆皇帝就是金木-2型人格，他在晚年就表现出一种极端状态。

乾隆皇帝的前半生英明果断、励精图治，让国家的经济达到了鼎盛状态，而他的后半生却像换了一个人，宠幸佞臣，不纳忠言，躺在功劳簿上自我陶醉。由此可见，人的性格在一生中会不断发生变化，不注意自我修养，就会陷入极端状态。

乾隆皇帝是最喜欢写诗的皇帝，他一生作诗4万多首，尽管大部分算不上杰作，但他却乐此不疲，因为他是一个很感性的人，有太多的情感需要抒发。史书记载，乾隆皇帝在小时候就表现出性格的两面性，他一面理性坚强，一面又多愁善感，宫里的小猫小狗死了，他也会伤心落泪。

在乾隆皇帝统治的后期，国家已经出现了颓势：政治腐败，民不聊生，各族人民的起义此起彼伏。但他却不愿面对现实，自诩为"十全老人"，每日陶醉在虚幻的太平盛景中，怡然自乐。这与他追求完美的性格有关。大清帝国就是他的作品，追求完美的人怎能允许自己的作品上有破洞和瑕疵。

大臣尹壮图上书陈述地方的腐败亏空现象，乾隆皇帝大怒，质问他闻自何人、见于何处，并公然与尹壮图打赌，派人与尹壮图去核查亏空。尹壮图请求暗访，乾隆皇帝不仅拒绝暗访，还规定尹壮图每到一个地方必须提前五百里通知地方官员，而且不报销尹壮图的差旅费用，路上一切花费自行承担。这样检查的结果当然是粮仓银库丝毫不减。一路折腾下来尹壮图害怕了，上书给皇帝道歉，说自己以道听途说的内容亵渎圣听，实际仓库盈满，请求回京师治罪。奇怪的是，乾隆皇帝并未治尹壮图的重罪，而是予以宽大处理。以乾隆皇帝的精明，他何尝不知尹壮图所言句句属实，他只是过不了自己心中那道坎，不愿看到华丽外表下的千疮百孔，以免自己盛世明君的形象受到玷污。太感性的人容易被环境影响，虚荣心重，他宁愿粉饰太平，也不允许一团败絮来破坏自己的好心情。

金木-2型人的第二种极端状态是以抑郁症为代表的心理和精神疾病。追求完美的人，如果生活中诸事不顺，与他们心中完美的标准相去甚远，就会陷入抑郁。抑郁是敏感和感性特质占主导的人在愿望受阻后的极端表现。抑郁症的典型表现是快感的丧失，带来意志的消退，它的根源则是快乐阈值太高。在贫穷年代，能吃上一顿肉就会让人快乐很久，苦中求乐，多巴胺在每天的期许中野蛮生长，很少有人知道抑郁的滋味。生活条件太好，有时并不一定是一件好事。

因抑郁症自杀的演员张国荣就是这样的性格，人们似乎很难将张国荣与林黛玉联系在一起，但实际上，张国荣就是男版的林黛玉。由于人们对男女的社会期待不同，不允许男人表现得像女人那样脆弱、多愁善感，因此他们通常要强撑门面，将自己的内心遮盖起来，以一副假面示人。分析林黛玉的状况，就会明白张国荣为什么会患抑郁症。他们都是过于敏感的人，太在意外界对自己的评价，小小的刺激就可以引发他们剧烈的情绪波动，一点点挫折对于他们来说仿佛塌天大祸，生活中的悲伤远多于快乐，多巴胺缺少分泌的机会。他们有强烈的精神和情感需求，物质的满足并不能给他们带来快乐。恰因为有严重的心理洁癖，他们与周围的人相容度较低，容易导致社会支持系统崩溃。所求不得，生活中只有痛苦，没有快乐和希望，又没有情绪疏解的通道，这样的感觉生不如死。

金木-2型人的第三种极端状态——表演型人格。这是一种以过分感情用事或夸张言行吸引他人注意为主要特点的人格障碍。具有表演型人格障碍的人在行为举止上常带有挑逗性，并且他们十分关注自己的外表。常以自我表演、过分的做作和夸张的行为引人注意，暗示性和依赖性特别强。他们矫揉造作，人前显得温柔平和、通情达理，人后则是暴躁易怒、自私狭隘、缺乏同情心，完全以自我为中心。他们表面上看起来思维肤浅、没有理性，实则颇有谋划，深谙通过什么途径才能达到自己的目的。这样的人有一些共性：过度敏感，严重缺乏安全感与存在感；有些能力，从小被溺爱过，曾经被认可过。他们过于留恋被关注、被宠溺的感觉，才滋生了病态的人格。如果追根溯源，这类人一般好强并渴求完美，只是现实与他们的理想相去甚远，所以只能扮演他们期许的角色。

金木-2型人的第四种极端状态——讨好型人格。这样的金木-2型人大多心地比较善良，他们多在严苛的环境中长大，从小就很怕因为自己表现不好引来父母的失望和责骂，他们讨好别人不是因为喜欢他人，而是为了让自己的行为看起来更符合好孩子的标准。这样的习惯会一直带入成年的世界，变成一种自觉的行为方式。刻意的伪装必定带来沉重的精神负担，让人不堪重负。这类性格的成因并不能完全怪罪后天的成长环境，他们自身的人格才是最主要的原因。他们过度敏感，思维的严谨性与细节性极高，但是融通性却不足，看问题非黑即白，比较片面。他们的心灵为美而生，总是试图在生活中寻找圆满与极致，却不知这世上的美永远以丑为存在条件，这是生活中的辩证法。人性也有两面性，如太极图中的黑白纠缠，有多光明的一面，就有多黑暗的另一面，人生就是不断地穿越黑暗、寻找光明的过程。只有懂得这个道理，才能接受自己与他人的不完美，也就卸下了套在自己身上的枷锁。

金土型人

> **主要特点：** 金土型人是生活中的道德楷模，我经常在模范表彰活动中看到他们的身影。他们对待工作兢兢业业，对待家庭尽心尽责，他们宽容大度、乐于奉献。这类人不善逢迎、不喜投机，完全依靠自己的实干精神获取社会的认同。他们思维方式不太灵活，认定了目标不会轻易放弃，有很好的坚韧性，但有时也会有固执倾向。

大部分金土型人有慷慨的美德，他们的慷慨是发自本心的，并非为了达到某种目的。很多人格都具有慷慨大方的表象，但有些人的慷慨有明确的目的：或为了招摇显摆、引人羡慕、满足自己的虚荣心；或为了建功立业、收买人心，对没有利用价值的人，他们又吝啬得像铁公鸡。巴尔扎克笔下的吝啬鬼葛朗台就是这样的双面人。为了获取经济利益，他可以不惜血本去贿赂政府官员，但对自己的家人却极其刻薄。对劳工敲骨吸髓，对竞争对手恨不能赶尽杀绝。金土型人的慷慨却与他们不同，那是他们内在的一种品质。他们天性纯良，又没有很强的欲望，在物质上比较容易满足。

慷慨本质上是一种分享精神，愿意分享的人都是心灵富足的人。一个人对贫富的主观感觉，与财富的绝对值无关。拥有万贯家财的人可能觉得自己很贫穷，略有盈余的人反而感觉自己很富有。对财富的满足感与人的欲望水平和安全感的强弱程度密切相关。欲望太大或是缺乏安全感的人，总是觉得自己很贫穷。金土型人有一定的赚钱能力，对外在的危机又不太敏感，对物质条件没有过分的追求，欲望小，安全感十足，在同等条件下，他们是主观满足感较强的一类人。人在自我满足的情况下才愿意分享，这是金土型人普遍比较慷慨的主要原因。

金土型人是诚信守诺的一类人。做人诚信守诺并不完全是道德教化的结果，它与人的生理基础密切相关。首先，他是一个有理性的人，知道遵守承诺的重要性，不会为了眼前的蝇头小利给未来埋下祸根，愿意将道德的法则内化成自我的原则。其次，他是一个灵活性不很高的人。八面玲珑、见风使舵的人不容易诚信守诺。人的任何行为都会顺应他的某种生理特点，灵活度不高的人想虚饰自己的想法和做法难度较大，日久天长，他们的这种动机就会慢慢消退。

诚信守诺还需具备一个条件，他除了有诚信的愿望外，还要有守诺的能力。有的人不是不想信守承诺，可是事情的发展总是超出了他们的控制，让他们被动变成一个不守诺的人。

金土型人是胸怀广阔、为人宽厚的一类人。金土型人宽厚的特质与土型人类似，这种特质的内在动因是敏感性和唤起水平较低，安全感充足。与土型人不同的是，金土型人的宽容是建立在理性基础上的一种胸怀，是对他人主动的包容，而土型人的宽厚却是被动接受的结果。

中国有句古话："吃亏是福。"这句话需在一定的条件下适用，主动吃亏和被动吃亏有很大的分别。有的人一辈子吃亏、受人欺负，却不见有什么福报，原因就在于这种吃亏是因为个性的软弱。而主动吃亏的人则不同，他们有能力不吃亏，只是不愿意斤斤计较，选择宽以待人，这样的吃亏是基于人性的优点，才能带来真正的福报。

金土型人有较强的道德动机。道德动机根植于人的道德情感，是一种积极情感，这样的情感还有多种，比如人的理智感、爱的情感、勤奋感等，这样的情感是维持人格完整的一种动力，不同的人格会选择不同的积极情感作为自我认同的依据，选择的依据是自我效能。比如一个水型人，如果他在内心不愿接受道德规范的束缚，道德感就不可能成为他的积极情感。金土型人的行为方式更加符合伦理道德的标准，道德情感很容易成为他们人格的支撑。有了道德动机，才可能产生道德行为，所以金土型人是最遵守道德规范的一类人。

金土型人也有缺点，他们生性比较固执，变通能力不强。人性总有对立的两面。厚道的人往往不灵活，思想单纯，缺乏情调；守信的人往往比较固执，不愿意妥协，不然他们也不能将一种信念贯穿始终。

现在有的女人找对象，既要求男人忠诚、只对她一人好，又要求男人舌灿莲花、有情调、会哄人。她们不知道，这样的两种特质很难同时统一在一个人身上，因为它们产生的动因是对立的。如果眼前有人满足这样的条件，看起来十全十美，那么他一定是在伪装。随着时间的推移，面具迟早要揭开，失落感会在所难免。"甘蔗没有两头甜"，求全责备只会错过很多机会。

金土型人根据感性与情感能力发展水平的不同。可分为金土-1型人和金土-2型人。

1. 金土-1型

生理特质：

大脑左半球	发展程度较高或很高	**大脑右半球**	发展程度较低
敏感性	中等或较低	**灵活性**	较低
稳定性	中等或较高	**唤起水平**	中等或较低

主要特点：金土-1型人与金-1型人的外在表现有些类似，他们的行为完全被理性主导，头脑聪明，意志坚定，勇敢果决，性格刚烈，与金-1型人不同的是，金土-1型人为人更加忠厚也更加直率，他们因为太过刚直、眼睛里揉不得沙子，对违背自己原则的人和事零容忍，必欲除之而后快，所以有时会有激烈的情绪表现。

典型人物：廉颇、鲍叔牙

廉颇是战国时赵国的名将，他富有谋略，忠勇善战，成为阻挡秦国东扩的中流砥柱。长平之战的前期。廉颇受命统帅赵军阻秦军于长平，当时秦军士气正盛，而赵军长途跋涉过来，兵疲势弱。面对这一情况，廉颇正确地采取了筑垒固守、持久消耗敌人的作战方针。尽管秦军数次挑战，廉颇总是严束部众，坚壁不出。秦军求战不得，无计可施，锐气渐失。廉颇用兵持重，固垒坚守三年，挫败了秦军的速胜之谋。

秦国被逼无奈，便使用反间计，派奸细到赵国去散布消息，说秦国人最怕的人是赵括。求胜心切的赵王也认为廉颇怯战，于是反间计迅速得逞，廉颇被强行罢职，赵括成为赵军的统帅。赵括完全改变了廉颇制定的战略部署，改守为攻，轻率冒进，导致大败。赵军四十余万人被坑杀，赵国从此一蹶不振。

我们最初了解廉颇，多是通过《将相和》这个故事。蔺相如因为完璧归赵，在渑池之会上有优越的表现而被封为上卿，廉颇认为蔺相如只不过是一介文弱书生，只有口舌之功却比他官大，对此心中很是不服，所以屡次对人说："以后让我见了他，必定会羞辱他。"蔺相如知道此事后以国家大局为重，请病假不上朝，尽量不与他相见。后来廉颇得知蔺相如此举不是怕他而是顾全大局，深为感动，向蔺相如负荆请罪。此后二人结为莫逆之交，共同为国家效力。这是金土-1型人的典型表现，他们为人耿直，不会趋炎附势，把思想都写在脸上，心里有不满，便要争出对错、寻个公平，这并非他们嫉妒心特强，而是因为他们不善变通，眼睛里揉不得沙子。在武将的眼里，只有在战场上奋勇杀敌，才能称得上建功立业。明白真相的廉颇，知错能改，挚诚以待，表现出他性格中的豁达与真诚。

廉颇这样刚直的性格遇到蔺相如这样的正人君子，尚能得到理解与尊重，如若遇到小人，就会结下深仇大恨。廉颇功勋卓著，最后却被逼远走他国，皆因为他得罪了朝堂上的一众小人。后来赵国被秦国围困，赵王想复用廉颇，却被仇人郭开使计阻挠，只留下"廉颇老矣，尚能饭否"的典故。英雄无用武之地，最后郁郁而终。

春秋时期，齐国大夫鲍叔牙也是这样的性格。鲍叔牙是管仲的好友，年轻时，他们一起经商，管仲总是要多分钱，别人为鲍叔牙鸣不平，他却说："管仲不是贪财，而是他家里穷呀。"

后来管仲在鲍叔牙的帮助下做了齐国的相国，辅佐齐桓公成就了霸业。管仲临死前，齐桓公问他鲍叔牙是否能接替相国的位置，管仲却说："不行。鲍叔牙为人廉洁，做清官可以，做宰相不行。能力比他低的，他不放在眼里，谁犯了错误，他如果知道了，就会终身不忘。他掌管国务，不当和事佬，上不讨好君心，下不迎合民意，这样下去，要不了多久，就会得罪你啦！"管仲这样说不是要诋毁鲍叔牙，而是为保护自己的这位朋友。

"管鲍之交"被传为佳话，正是基于他们的相知和互信，只有人品极好的两个人才能建立这样的友谊。

金土-1型人的极端状态是固执、自我、刻板，这是因为他们敏感性极低，灵活性欠佳，情感能力较弱。他们将自己封闭在一个狭小的世界里，恪守着自己认定的某种原则，用一种固有的模式应对瞬息万变的外部世界。

春秋时宋国的君主宋襄公就是这样的人格。宋襄公，子姓，宋氏，名兹甫，是春秋时期宋国国君宋桓公的次子，因嫡子被立为太子。兹甫还有个庶兄目夷。父亲宋桓公病重，按照当时的嫡长子继承制，兹甫应该继承王位，可是兹甫却在父亲面前恳求，要把太子之位让贤于庶兄目夷。目夷知道兹甫的想法，深为感动，为了躲避弟弟让贤，逃到了卫国，兹甫的太子之位没有"让出去"。兄友弟恭，可谓道德典范。

　　兹甫即位后封目夷为相。齐桓公去世后，宋襄公想效仿齐桓公，会合诸侯，确立霸主地位。目夷劝谏他说："以小国之力会合诸侯是祸患。"襄公不听，约诸侯会盟，公子目夷担心楚国人不讲信用，劝他要带上军队，以防有变。宋襄公却说："是我自己提出来不带军队的，与楚人已约好，怎能不守信用呢？"结果，果如目夷所料，宋襄公被楚成王抓到楚国囚禁。宋襄公被放回国后，听说郑国支持楚成王做诸侯霸主，怒不可遏，决定攻打郑国。楚国救援郑国，双方的军队在泓水相遇，楚军开始渡泓水河，向宋军冲杀过来。目夷说："楚兵多，我军少，趁他们渡河之机消灭他们。"宋襄公说，"我们号称仁义之师，怎么能趁人家渡河攻打呢？"楚军过了河，开始在岸边布阵，目夷说："可以进攻了。"宋襄公说："等他们列好阵地。"等楚军布好军阵，楚兵一冲而上，大败宋军，宋襄公也被楚兵射伤了大腿。宋军吃了败仗，损失惨重，军将多有埋怨，宋襄公却教训道："一个有仁德之心的君子，作战时不攻击已经受伤的敌人，同时也不攻打头发已经斑白的老年人。尤其是古人每当作战时，并不靠关塞险阻取胜，寡人的宋国虽然就要灭亡了，仍然不忍心去攻打没有布好阵的敌人。"宋襄公因"假仁假义"遭后人耻笑。但他的仁义其实一点也不假，宋襄公位列春秋五霸之一，也算是对他行为的一种褒奖。宋襄公是过分依赖道德感又不知灵活变通的刚愎之人，他的动机是高尚的，行为却不合情理。他不明白任何规则都有适用的条件，刻板固守必定遭受挫折。

2. 金土-2型

生理特质：

大脑左半球	发展程度较高或很高	**大脑右半球**	发展程度中等或较高
敏感性	中等	**灵活性**	中等
稳定性	较高或很高	**唤起水平**	中等

> **主要特点：**金土-2型人不仅左脑发达，右脑也较发达，情感能力较强。他们头脑聪明，善于学习；宅心仁厚，不计小利。他们有金-2型人的理性和原则，却比金-2型人豁达，宽和，人缘好，感召力强。

典型人物：刘备

李宗吾在《厚黑学》中，把刘备奉为"厚"的典型，意思是说他脸皮厚，为达目的不要脸面。殊不知这恰是他可贵的品质。为达目的不要脸面与为达目的不择手段有很大的区别：前者是坚韧性的一种体现，而后者则是无耻性的一种体现。

在成功的道路上，要经历太多的歧视、羞辱和拒绝，遭受太多的曲折和磨难。如果太爱脸面，就很难坚持下去。现在社会上最难招聘的就是销售人员，这项工作就需要人低下身段，抛开面子。完成一笔订单不知要遭受多少白眼、吃多少闭门羹，抗压能力弱、脸皮薄的人很难胜任这份工作。自尊是人的本性，谁都想做一个高高在上、受人尊崇的人，然而受不了委屈、经受不起挫折的人很难成就大事，也无法享受到成功的喜悦。

除了皇叔的虚名，一无所有的刘备就是靠这样的坚韧性成就了自己的霸业。刘备三顾茅庐的故事闻名天下。东汉末年，群雄并起，各路势力为了发展壮大，都不遗余力地招揽人才，难道他们都不知晓诸葛亮的才华吗？当然不是。曹操也爱才，但他招揽人才的手段是威逼利诱，从来没有耐心躬身自请。诸葛亮这样的人才，像我们今天看到的许多才子一样，骨子里有一份傲气，骄傲的诸葛亮不屑屈尊去投奔某个势力，这是他才华横溢却"躬耕于南阳"的主要原因。诸葛亮是个聪明人，知道只有拥有大海一般胸怀的人才能包容他的桀骜不驯和特立独行，他在等待那个人的降临。刘备得了诸葛亮如虎添翼，诸葛亮随了刘备又何尝不是如鱼得水？

　　在史书中我们可以看到，刘备战败后，总是不忘带着老百姓一起转移。有人认为这是他收买人心的手段。试问，哪有人会作秀到要搭上自己身家性命的地步。在生活中，我们经常碰到这类人，他们确有一颗赤诚的待人之心，总是先人后己，有很重的利他倾向，符合道德的行为能让他们找到更大的存在感，获得更多的满足感，这样的人往往具备较高的道德情操。我认识一个金土−2 型的人，在大学里做老师，她每年都从并不丰厚的工资中拿出一部分钱款资助班上的贫困学生，不图名，不图利，甚至不想让人知道。她见不得别人受苦，有深深的同情心。在帮助他人的过程中，她体会到无上的快乐，这才是一个人做好事的最根本动因。人的任何行为都有潜在的利己动机，能让人身心愉快的行为更容易保留和固化下来。人们常为善心找各种解释，其实善心的动因就是为了让自己内心感到平和与幸福。对于那些将利益看得过重的人，一点点损失都会令他们痛心疾首，舍己为人会让他们感到痛苦，所以表现得自私自利。

　　刘备是个情感丰富的人，很容易掉眼泪，这样的行为似乎有损钢铁男儿的形象，在人们的常识中，爱哭是软弱的表现，但是对于带了鲜明金特质的人而言，眼泪却是宝贵的珍珠，有悲天悯人情怀的人才会为人类的苦难感怀伤痛，这是一种大格局，有圣贤气象。

　　带了土特质的刘备也有固执、死板的一面。这表现在他对待兄弟的态度上，很讲义气的人多半灵活度不高，灵活度很高的人讲的是假义气。刘备为关羽报仇所采取的不理性行为，恰是一根筋思维的典型表现。俗话说："君子报仇，十年不晚。"而刘备却采取了直线的报仇策略，立刻要以牙还牙、以血还血。报仇心切的刘备失去了理性和判断力，用兵失当，导致一败涂地，输光了苦心经营多年的大部分家当，他也在忧愤中走到了生命的尽头。

　　刘备白帝城托孤的情节受到后人的诸多猜测，人们无法理解的是刘备的那句话："如其不才，君可自取。"这似乎有些违背常理。帝王一般总希望自家的江山万古长青，千方百计提防权臣，哪有主动叫人取代的道理？有人甚至认为，刘备是在故意试探诸葛亮，帐下都埋伏了刀斧手，如果诸葛亮露出了自取的苗头，马上就会被剁成肉泥。后人的这些猜度有些以小人之心度君子之腹之嫌。可以倾其所有为兄弟报仇的刘备，为什么不能将江山交与一个鞠躬尽瘁、值得信赖的大臣？这样的行为与他平常的表现具有一致性，是他真心实意的表达。如若曹操在托孤时有这番言语，真要担心帐后埋伏了刀斧手。

金土-2型人的极端状况就是刘备后来的表现，固执己见，不听劝告。他们容易对自己的分析力与判断力过度自信，拒绝接受别人的建议。这样的人虽然是个好人，动机纯正，但结果可能很糟糕。他们可能会因为自己的执念而毁掉一世英名。

金火型人

> **主要特点**：金火型人是非常勇敢的一类人。他们具备金型人的很多特点，在平静的情况下，表现得头脑聪明、思维敏捷、责任感强烈。他们比金型人的唤起水平高，表现出更强的统筹能力和办事效率。但是一旦受到刺激，情绪被高度唤起，他们又会显现出暴躁与残酷的一面，天不怕，地不怕，将自己的生死完全置之度外。

金火型人是性格刚烈、脾气暴躁的一类人。一个人性格刚烈，一方面来源于强力意志，另一方面则来源于易于爆发而不受控制的情绪。带有金特质的人理性思维很发达，他们对事物的认识比较深刻，有坚定的信念和稳定的价值观，做事有原则并且恪守着某种原则不愿妥协。这种原则有的部分是对的，有的部分可能是错的，个人的原则并不等同于真理。但是在他们的心目中，自己的原则就是真理，他们总是按自己的逻辑和既定的行动准则要求身边的人，遇到有违自己原则的情况就会激起很大的情绪反应。金型人在面临不良情绪时会选择用理性控制自己，但是金火型人的情绪中枢过于发达，大脑皮层的控制力不能很快地予以传达，因此常导致他们情绪失控，冲动行事，形成一种过于刚烈、暴躁的性格表现。

金火型人还是勇敢无畏的一类人。勇敢是指面临危险和困难时有胆量、不退缩。勇敢是一种优秀的品质，坚定的信念会给人带来无畏的勇气，生活中勇敢的人往往带有金特质，因为他们有坚定的信念。高唤起也会给人带来勇气，自我保护是人的本能，在平静状况下，人们多不会选择做有可能危及自己生命的事情。只有当被某种激烈的情绪控制时，人才会变得无所畏惧，甚至以身赴死。金火型人两者兼而有之，因此他们是非常勇敢的一类人。

金火型人是很讲义气的一类人。意气与义气有所区别。意气指人的志趣性格，主观情绪，意气用事的人也很仗义，但他们只对投缘、喜欢的人仗义，不问行为的性质和结果，就像李逵那样。义气则指刚正之气、忠孝之气，讲义气的人善于主持公道或忠于朋友的感情，没有理性的人讲不了义气，因为他们辨识不了善恶；没有感情和情绪的人也很难讲义气，因为义气的基础是对他人的关怀和热爱。金火型人既有理性，情绪又很容易被调动起来，因此，他们是很讲义气的一类人。

金火型人是有极强荣誉感的一类人，他们很看重自己的名声。唤起水平高的人自尊心都很强，虚荣心也重，他们对外界的刺激反应激烈，容易受到环境的影响，尤其在意别人对自己的评价，在他人的赞美声中寻找自己的价值。荣誉是最能代表他们成功的标签，追逐荣誉就是寻找安全感和存在感，因此，他们把荣誉看得比生命还重。

金火型人与金型人有共同的缺点，就是容易自以为是，刚愎自用。在金火型人身上，这个弱点表现得更为明显。刚愎自用的人常自我感觉良好，认为自己聪明、能干，无人能及。没有过一些辉煌经历的人，一般不会滋生出这样的毛病。金火型人头脑聪明、办事能力强，在很多方面都有过人之处，屡屡受到外界的赞许，不知不觉就会骄傲起来。在鲜花和掌声中还能保持谦虚和低调的人都是具备超凡理性和很强内省力的人。一个情绪反应激烈的人，缺乏自我反省能力，天长日久，便失去了对自我的正确评价。他们容易文过饰非，即便知道出现了失误，也不愿承认，仍然一意孤行，死不悔改。

金火型人因为右脑发展水平的不同，可分为金火-1型和金火-2型。

1. 金火-1型

生理特质：

大脑左半球	发展程度较高或很高	大脑右半球	发展程度较低或很低
敏感性	中等或较高	灵活性	中等
稳定性	较低或很低	唤起水平	较高或很高

主要特点：金火-1型人与金-1型人的大部分特质比较接近，不同的是，金火-1型人的性格更加暴躁，缺乏正常的人类情感。这样的人疑心病重，刻薄寡恩，凶狠暴戾。

典型人物：秦末农民起义领袖陈胜

陈胜年轻时给人当雇工，虽然身份低微，却有宏大的抱负，有一天，他对一起耕田的伙伴们说："苟富贵，莫相忘。" 大伙听了都觉得好笑："咱们卖力气给人家种田，哪儿来的富贵？" 陈胜叹息道："燕雀安知鸿鹄之志哉。" 当时秦国的统治者横征暴敛，对百姓实行严刑峻法。陈胜被征调去戍守渔阳，并被任命为带队的屯长。因大雨误了期限，按律当斩，陈胜当机立断，与好友吴广商议，决定起义。陈胜、吴广"举大计"的壮举，得到"苦秦久矣"百姓们的积极响应，纷纷"斩木为兵，揭竿为旗"，加入起义队伍。陈胜谋略得当，义军迅速占领了许多郡县。自此，反秦的浪潮开始席卷全国。陈胜是中国农民起义第一人，开创了平民造反的先河，表现出非凡的勇气和胆略。

但是有勇有谋的陈胜却缺少了胸怀和远见，起义初步取得一点成效就急于称王，他自己的思想也发生了变化，与群众的关系日益疏远。早先和陈胜一起给地主种田的一个同乡听说他做了王，特意从登封阳城老家来陈县找他，因是陈胜的故友，所以他进进出出比较随便，有时还说些不堪旧事。不久，有人对陈胜说："您的客人愚昧无知，专门胡说八道，有损您的威严。"陈胜便十分羞恼，竟然把"妄言"的伙伴杀了，当年所说的"苟富贵，莫相忘"早抛到了九霄云外。此前，曾经的伙伴吴广也在陈胜的授意下被田臧所杀，自此以后，人心离散，义军也开始节节败退。困窘中，陈胜竟被跟随自己数月的车夫庄贾杀害，留下千古遗恨。能做陈胜的车夫，一定是他信任的人，也许正是因为熟悉，陈胜的刻薄寡恩、刚愎狭隘才被庄贾看得更加清楚，或许他还要经常遭受性格暴戾的主人的责骂和惩罚。跟着这样的人注定不会有好的结果，与其等死，还不如用陈胜的人头去章邯那里换取荣华富贵。

能够聚众起事的人，起初都很讲义气，否则很难获得大家的拥护和信任，陈胜后来的蜕变与他缺乏情感能力有很大的关系，一个没有同情心而危机感又特别重的人在权力与利益面前，首先想到的是自我保护，曾经的义气全被抛到了脑后。

金火-1型人的极端人格有严重的暴力倾向和犯罪倾向，制造湄公河大惨案的大毒枭糯康就是这样的性格。这样的人有冷静睿智的一面，善于谋划，有一定的才能，所以才能将他的犯罪王国经营得声势浩大。他们有凶狠残暴的一面，也有仗义的一面，所以才有那样多的追随者愿意为他卖命。因暴躁的性格，他们往往被主流社会抛弃，因此选择了歪门邪道，将自己的聪明才智都用在了危害社会上。

聪颖的人如果为非作歹，其杀伤力更加巨大。很多啸聚山林的土匪头子，也是这样的性格，这样性格的人情绪容易激动，胆大妄为，受不了委屈，稍微受到不公正的待遇就怒不可遏、义愤填膺，具有强烈的反社会倾向。

2. 金火-2型

生理特质：

大脑左半球	发展程度较高或很高	**大脑右半球**	发展程度中等或较高
敏感性	中等或较高	**灵活性**	中等
稳定性	较低	**唤起水平**	较高

主要特点： 金火-2型人比金火-1型人更感性，情感能力较强，重情义，讲道义。

典型人物：湘军将领江忠源、孔子弟子子路

江忠源出身书香之家，天资聪颖，15岁就中了秀才，25岁就中了举人，无奈交友不慎，染上恶习，嗜赌好嫖，弄得家无余资。但他为人豪爽，讲义气，忧人之忧，急人所急，很有侠义精神。后得到曾国藩的赏识，曾国藩对他的评价是："此人他日当办大事，必立功名于天下，然当以节义死。"友人问曾国藩为何如此断言，曾国藩说："凡人言行，如青天白日，毫无文饰者，必成大器。"意思是说他虽有些恶习，但为人坦荡，不矫揉造作，光明磊落，一定会有所作为。曾国藩不愧有识人之名，江忠源后来果然成为

驰骋疆场的一代名将，也果如曾国藩所言死于节义。他不听劝告，孤军深入，被太平军围困泸州，落入险境，拒绝逃跑，兵败跳水自杀，年仅42岁。曾国藩之所以判断他以节义死，正是根据他好勇、刚烈、在乎荣誉的性格特点。

这让我联想到孔子对他的弟子子路的评价。孔子说他"好勇过我，无所取材""不得其死"。子路也是金火–2型人，他为人伉直鲁莽，敢于对孔子提出批评，毫不顾及老师的颜面。但他却是个很善于学习的人，虚心受教，勇于改正错误，深得孔子器重。子路为人果烈刚直，才智出众，忠于职守。

孔子说过："只听了单方面的供词就可以判决案件的，大概只有仲由吧。"一般官员遇到一个诉讼案件，都要听两面之词，原告、被告都陈述完毕后才能做出最后判断。但是子路不一样，他听到一面之词就知道谁对谁错，因为他头脑聪明，能够举一反三，不需要按照一般人的方式来判断是非。这充分体现了金型人的优点，有超强的逻辑推理能力，善于见微知著，通过现象发现本质。但同时也反映了他性格急躁、没有耐心、缺乏倾听能力。

因为有卓越的才能和执行力，子路为政有方，是治理国家的能吏。他主政的地方，"民尽力""民不偷""民不扰"，受到老百姓的普遍爱戴。他为人勇武，信守承诺，他的死也很悲壮。他担任大夫孔悝的宰。卫庄公元年，孔悝的母亲伯姬与人谋立蒉聩（伯姬之弟）为君，胁迫孔悝弑卫出公，出公闻讯而逃。子路在外闻讯后，即进城去与蒉聩理论，蒉聩命石乞挥戈击落子路冠缨，子路道："君子死，冠不免。"意思是君子即使临死，也要衣冠整齐。他在系好帽缨的过程中被人砍成肉酱。子路到死都要维护自己的形象，维护自己"士"的尊严，奉行着士可杀不可辱的信念，将荣誉视为生命。

金火-2型人的极端表现是性格暴戾、狂妄自大。这样的极端表现多发生在那些左脑功能部分发达的人身上，他们有金火-2型人的意志品质和部分能力，但并不具备很强的理性，认知高度受到局限，有很强的暴力倾向。三国时期的张飞就是这样的人格，因为性格暴躁，不体恤下情，英勇盖世的一员猛将最后竟成了部下的刀下冤魂。

水火型人

生理特质：			
大脑左半球	发展程度中等	**大脑右半球**	发展程度中等
敏感性	中等或较高	**灵活性**	较高或很高
稳定性	中等或较低	**唤起水平**	中等或较高

> **主要特点**：水火型人是精力充沛的一类人。他们兼有水型人的灵活与激情和火型人的火暴与躁动，喜动厌静，他们似乎有用不完的精力，喜欢四处折腾，不知疲倦。生活中的水火型人对朋友能够仗义疏财，人缘较广。他们颇有经商头脑，在生意场上敢打敢拼，多有收获。但因好大喜功，缺乏理性，中途有不少人折戟沉沙。

水火型人有极强的表现欲。水型人格和火型人格都喜好表现，集合了这两种特质的水火型人虚荣心强、爱出风头。在人群中，他们总是试图成为众人目光的焦点，或依靠先声夺人，或依靠豪迈的举止。水火型人大多声音洪亮、身体健壮、极具活力。他们比水型人勇敢，比火型人灵活，喜好呼朋唤友、高谈阔论，遇见不平喜欢出头。不过他们的热心和仗义并非为了伸张正义，而是为了帮助朋友或是表达自己的观点和立场，引起他人的关注和赞美。

水火型人渴望成功，敢于冒险。这一品性与水型人极其相似，但他们不像水型人那样张狂冒进，有一定的危机感。他们有时看起来无法无天，横行霸道，但事到临头，又变得非常胆小。

水火型人情绪极不稳定。笑脸迎人与撸胳膊、掀桌子可能在他们身上发生瞬时转换，他们有时率真可爱，有时又会势利聒噪。

水火型人性子急躁，做事雷厉风行，不喜拖泥带水。他们的心里不能藏事，快人快语，容易得罪人。水火型人对人没有耐心、容易激动，为人有些强势，但并非不讲理，脾气来得快，去得也快。

典型人物：《水浒传》中的母夜叉孙二娘

开人肉包子铺的孙二娘胆子大，手段毒辣不输男人，虽说李逵比她更加残暴好杀，但李逵绝没有开人肉包子铺的本事。卖人肉包子也是一门生意，需要头脑灵活、巧舌如簧。剽悍的孙二娘平日的装扮却是涂脂抹粉、穿红戴绿，用女色勾引往来的客商入毂，在她的性格中有水型人的妖娆和诡诈。这门生意不好做，不仅需要胆量，还需会察言观色，识别三教九流各色人等，否则很可能马失前蹄，给自己招来祸殃，孙二娘就差点栽在武松的手里。孙二娘有残忍的一面，也有仗义的一面，为朋友可以两肋插刀，这是大部分女人身上不具备的品质，正因如此，她才被列为梁山一百零八将之一。

我曾在菜市场看到一位小贩，她的行为颇有代表性，她长得五大三粗、脸色红黑。见到我，她总是笑得很灿烂，因我从不还价，买的又多。她显得很豪爽大方，嘴边总挂着一句话："随便尝，先尝后买。"然后故作神秘地告诉我，这个她卖给别人都是10元一斤，因为是老顾客，只卖我9元一斤。实际上她卖给别人可能只要8元一斤，很多商家都是这样，我也见多不怪。

有一次，我见她店里放了一块招牌，上写："店面转让，亏本甩卖。"出于好奇，我问她为什么转让？她显出吃惊的样子，大声呵斥她的男人，骂他傻不愣登，把店面装修写成了店面转让。那男人瘦小懦弱，赶紧拿笔过来涂改。我心里暗自好笑，知道是她耍的把戏。果然，几天后，店面换了主人。

水火型人在豪爽的背后有一份狡黠，他们的灵活度很高，善于见风使舵。虚饰或是为了掩盖自己的某些动机，或是为了保全自己的脸面。她掩饰店面转让的事实，无非是害怕别人笑话她生意做得不成功，是虚荣心在作怪。

水火型人的极端状态是过强的表现欲和破坏欲，他们强势武断，还喜欢制造事端，唯恐天下不乱，因为局势越乱，越能显现他的价值。他们最大的特点就是胆子大、敢作敢为，别人感觉耗时耗力、不胜其烦的事情，他们却兴趣盎然、乐此不疲，在外人看来简直不可思议。他们的这种表现，只是希望赢得别人的关注和称赞，找到一份存在感。极端的水火型人很容易上当受骗，有时还会被人利用，走上歧途。

水木型人

生理特质：			
大脑左半球	发展程度中等	**大脑右半球**	发展程度较高或很高
敏感性	较高或很高	**灵活性**	较高或很高
稳定性	中等或较高	**唤起水平**	中等或较低

> **主要特点**：水木型人格是最"百搭"的性格，说百搭，是因为他们的融合度高，与大部分人格都能融洽相处，在生活中广受欢迎。他们态度谦和，情感细腻，能够灵活变通，做事的分寸把握得很好，既不过分张扬，也不刻意卑微，很有亲和力。与他们在一起让人觉得轻松、愉快。

水木型人情感能力较强，富有同理心，善于站在别人的角度考虑问题。他们的敏感度较高，懂得察言观色，能迅速捕捉到别人情绪的变化，并灵活应变。

有些水木型人还有文学和艺术天赋，他们在生活中追求浪漫，富有情调，不喜欢平淡沉闷的生活。

唤起水平较低、灵活性高的水木型人更偏向水型人的性格，他们活泼开朗，善于交际；喜欢热闹，害怕寂寞；思维灵活，不喜欢受规则的约束；富有激情，热爱生活。与水型人不同的是，他们的性格没有那样张扬，不具侵略性，外在表现更加温和细腻，开放的尺度也有所保留。

唤起水平中等、灵活性稍高的水木型人则更偏向木型人的性格，他们温婉细腻，善解人意；为人低调，不喜张扬，有很高的宜人性。

水木型人也有缺点，他们易被情感左右，没有很强的理性思维，意志力也不够坚定，容易被环境影响，定力不足。

典型人物：《红楼梦》中的史湘云、平儿

史湘云是唤起水平较低、灵活性较高的水木型人。她性格豪爽，颇有豪侠之气，喜欢着男装，好打抱不平。在封建时代，敢有如此作为的女孩，多是追求自由、敢于挑战规则的人。但湘云绝不是一个专横跋扈的人，她对贾府的主人不卑不亢，对丫鬟和仆人也不欺凌霸道，平易近人，老少无欺，是个受大家欢迎的人。湘云还喜诗好酒，喜诗说明她是个很感性的人，因为诗歌是感性的产物，好酒则证明她很有激情。生活中好酒的女人大部分带有水特质，酒有两个功用：助兴和浇愁。好酒的人要么情绪激烈、精神亢奋，要么心理压抑、精神不快。湘云不似贾府中别的女孩那样拘谨和温顺，她是天生的乐观派。她的到来为贾府带来了一种蓬勃向上的活力，似一股清泉注入了干涸的土地。湘云有一次与黛玉聊天，询问黛玉为什么总是不快乐，不同性格的人实在无法理解彼此的心境。他们同样都是父母双亡、寄人篱下，湘

云心无芥蒂、无忧无虑，黛玉却敏感多疑、感怀忧伤。环境对人的影响，需要以人格为媒介，内因永远比外因重要。

《红楼梦》中的平儿则是木特质较明显的水木型人，这样的人心地善良，富有同情心，能够替别人着想。他们处事灵活，但并不滑头，也没有很强的物质欲望。

平儿夹在王熙凤和贾琏之间求生存，一个是心狠手辣的母老虎，一个是寡廉鲜耻的浮浪子，其艰难程度可想而知。但平儿却能举重若轻，应对自如。这一方面因她平和、善良的个性，另一方面则归功于她的灵活机变。

在王熙凤大施淫威的时候，她总是温言软语，诸如"得放手时须放手""什么大不了的事，乐得不施恩呢"说得王熙凤息了怒火、没了脾气，大事化小，小事化了，既缓和了矛盾，也帮助了弱者。

在贾琏陷入尴尬的时候，她也不余遗力尽量帮衬。尤二姐死后，王熙凤推说没有钱治办丧事，平儿就偷出二百两碎银子给了贾琏，把局面应付过去。她敬重王熙凤的精明强干，也包容贾琏的浪荡任性。一个温润如玉、柔情似水的女人，即便在那样的困局中依然让自己活得潇洒、体面，柔能克刚在平儿身上得到了很好的体现。

前面我们说过，带有水特质的人，如果在优渥的环境中长大，没有经历过生活的艰辛，就会变得大手大脚、奢靡挥霍；如果在艰苦的环境中成长，则会有较强的奋斗精神，物质欲望会成为他们奋斗的巨大引擎。水木型人有一种极端状态就是爱慕虚荣、贪图享乐、挥霍无度。

他们比水型人有过之而无不及。因为敏感，他们更需要不断从外界寻找存在感，惊世骇俗之举能够引起轰动，无疑最能满足他们的心理需求。民国第一败家子盛恩颐就是这样的人格。

盛恩颐是晚清巨富盛宣怀最宠爱的儿子，连他的名字都是慈禧太后所取。盛宣怀去世后，盛恩颐继承了巨额家产，从此开启了他骄奢豪气的荒唐人生。

盛恩颐不仅自己挥霍，还给每个姨太太配一幢花园洋房和一部进口轿车，外加众多男仆女佣。除了养人，他还在跑马场养了75匹马。但和赌博比，这些都是九牛一毛。盛恩颐在赌场上创过的纪录，是一夜之间把北京路和黄河路一带、有一百多幢房子的弄堂整个输给了浙江总督卢永祥的儿子卢小嘉。到抗战胜利前，盛恩颐将分到手的家产基本上挥霍一空，生活开始穷困潦倒。他与李鸿章的孙子李厚甫常在街头溜达。有一次，到了襄阳公园门口，两人都想进去坐坐，结果你看看我、我看看你，谁都拿不出买门票的钱来。

创业难，守业更难，难就难在子孙不争气。养孩子本就是摸"基因彩票"，英明睿智的人可能生出一个毫无理性的孩子，或因在娇生惯养的环境中人的理性没能被开发，二者兼而有之。观察那些败家的富二代，他们的人格与自己的父辈并不相同，加上缺乏必要的磨砺，根本没有能力管理偌大的家业。

有时极端的人格表现并不能完全怪罪于后天教养。我认识一个这样的人，他并非生于大富之家，父母人品都很好，但他从小就表现得虚妄浮夸。因为感性，他有些才华，字写得好，文笔也不错，本有份稳定体面的工作，可是薪水永远满足不了他的虚荣心。他先是借钱购买家电、家具充门面，后来发展到坑蒙拐骗，最后犯法进了监狱。

水木型人的另一种极端状态是不遵守规则、没有操守、贪财好色、自私猥琐。这样的人多是因为灵活性与敏感性太高而情感能力较弱所致。《红楼梦》中的贾瑞便是这样的性格。贾瑞是贾府义学塾贾代儒的长孙，书中写他"是个专图便宜没行止的人，每在学中以公报私，勒索子弟们请他；后又助着薛蟠图些银钱酒肉，一任薛蟠横行霸道，他不但不去管约，反'助纣为虐'讨好儿"。他在宁国府庆贾敬寿宴时碰上凤姐，为凤姐的美色倾倒，动了勾引之意。凤姐的假意戏耍，他还当是郎情妾意，好事可成，结果坠入凤姐设的陷阱，白白丢了性命。

对于凤姐这样的泼辣狠毒角色，贾瑞这个穷小子怎么会动了癫蛤蟆想吃天鹅肉的念头呢？这反映了贾瑞身上的几个特点：一是色胆包天，无视道德；二是头脑简单，愿望思维；三是内心虚弱，崇拜强权。这样的人趋炎附势、爱慕虚荣，但他们本身能力不足，渴望寻到一个强有力的靠山帮衬自己。偌大的贾府，不曾有一个人敢动凤姐的心思，为何独独贾瑞敢有狂妄之念？原因在于他是真的爱上了凤姐，凤姐身上有他向往而自身又不具备的很多特质，就是他的梦中情人。

人最容易被那些具备自己理想人格特质的人吸引，这些特质包括身高、长相、性格、能力等。面对凤姐的捉弄，贾瑞又卑微又痴情，不是动了真情的人不会有如此表现。贾瑞是个品行卑污的小人物，人们似乎觉得这样的坏人死有余辜，又岂知他也是个可怜之人。贾瑞最后死于情与欲的折磨，所谓的"风月宝鉴"，实际上映射的是人的幻觉，过度敏感是他心理崩溃的主要原因。

水土型人

由于内在生理机制的不同，水土型人可分为水土–1型和水土–2型。

1. 水土–1型

生理特质：

大脑左半球	发展程度中等	大脑右半球	发展程度中等
敏感性	中等或较低	灵活性	较高
稳定性	较高或很高	唤起水平	中等或较低

> **主要特点：** 水土-1 型人左右脑的发展水平都居于中等水平，敏感性中等，唤起水平较低。他们中枢神经系统的灵活性不高，但是外周神经系统的灵活性却较高，内土外水。他们的外在行为表现是：灵活变通，平易近人；秉性淳厚，脾气极好，不轻易生气，也很少发火，对人总是宽大为怀。

水土-1 型人没有很强的功利之心，凡事差不多即可，对人宽厚，对己也宽松，有时还会丢三落四、马马虎虎。他们没有非分之想，容易满足，踏踏实实做事，清清白白做人，快乐指数很高。这样的人个性平和均衡，社会支持系统发达，想不快乐也难。

水土-1 型人是比较稀缺的一种人格。一般而言，忠厚的人个性都比较死板，水土-1 型人却能将厚道与灵活集于一身，这样的基因组合概率较低。

典型人物：《红楼梦》中的刘姥姥

刘姥姥身份低微，初进贾府，遭到凤姐的嫌恶。有钱人最惧怕的就是穷亲戚的纠缠。一般人看了凤姐不屑的脸色和哭穷叫苦的做派，自尊心会受不了，脸上也挂不住，可是刘姥姥却能坦然受之。不是她善于伪装，而是因为她心地善良，以积极的心态看待遇到的人和事。加上她的敏感性比较低，对别人的态度并不很在意。如果林黛玉受了这样的对待，一定会羞愧难当，转身走人。尽管话难听、脸难看，刘姥姥却能泰然处之。求人之时，岂有不低头的道理？她本着纯良的本心，把自己的位置放得很低，因此就不会有被轻贱的感觉。

刘姥姥二进大观园，大饱了眼福、口福，也给大家带来了快乐。她妙语连珠，又会编故事，引得大家开怀大笑。阴沉压抑的大观园中，何曾见过这样的率真和纯朴，仿佛阴暗的地窖中投进了一缕阳光。刘姥姥的本色表演让大家欣赏到了一部温馨快乐的家庭喜剧。刘姥姥的所作所为并非为了多捞些好处刻意讨好富贵人家，而是她本身就有幽默细胞。我小时候，邻居有一位阿姨就是这样的性格，她活泼开朗，虽没有文化，但表现力却很好，平淡无奇的小事情在她绘声绘色的描述中增添了无限色彩。每次看完电影回来，她都会把电影中某些有趣的情节添油加醋地模仿一遍，围观的大人小孩常常笑得前仰后合，那是我童年最快乐的记忆。

这一类人周围神经系统的灵活性很高，反应模式灵活。他们不能忍受枯燥乏味的生活，也不能忍受人与人之间尴尬的相处模式。他们很善于制造话题、活跃气氛，但绝不为哗众取宠，他们只是想把快乐带给周围的人。

水土-1型人的中枢神经系统并不灵活，几乎与土型人相当，因此，他们想法很单纯，没有算计人的心眼，也没有投机取巧的念头。《红楼梦》中的刘姥姥看似活络，心地却很淳厚。贾府落难后，墙倒众人推，只有趁火打劫的，不见雪中送炭的，满眼凄凉。刘姥姥却在这时挺身而出，救出巧姐儿，给了这个孤女一份依靠。王熙凤不曾料到，当初自己对刘姥姥的一丝善念，却积了福德，让女儿免遭厄运，有了一个好的归宿。

水土-1型人的极端状态是过于宽和，没有原则。他们不懂拒绝，一味顺从，反而成为别人欺负和伤害的对象。我有一个同学就是这样的性格。她是我的同桌，性格敦厚，心地善良，为人很随和，可是班上的男生却总是欺负她，因为她对于别人的侵扰采取的都是忍让的态度。在人际关系中，你允许别人怎样对你，实际上就是怂恿别人怎样待你。最离谱的一次是，有一个男生居然捉了一只虱子放在她的头上，她竟不敢作声。她的父母也不重视她，兄弟姐妹四人，唯独她不受宠爱，脏活、苦活都落在她的头上。小学毕业后，她的父母就让她辍学回家放羊，她也不敢反抗，悲剧的命运由此拉开了序幕。她起早贪黑，赶着羊群辗转在田间地头。一次，她赶着羊群过水渠的时候，有一只小羊滑落到奔涌的渠水中，也许是害怕父母的责骂，她竟不顾危险去抢救落水的羊，却不幸被湍急的水流卷走。人们找到她的时候，她已变成了一具冰冷的尸体。

一般小孩子都会有逆反心，即便一个老实的土型人被欺负极了也会反抗。我有一位亲戚家有个孩子，是个土型人，老实厚道，班级有个"小霸王"总是欺负他。有一天，他忍无可忍，奋起反抗，将"小霸王"暴打了一顿，从此再也没人敢欺负他。所以人们常说，不要欺负老实人，兔子急了也会咬人。但是极端的水土-1型人却没有这个血性。

2. 水土-2型

生理特质：			
大脑左半球	发展程度中等	**大脑右半球**	发展程度中等
敏感性	中等	**灵活性**	较高
稳定性	中等或较低	**唤起水平**	较低或很低

　　主要特点： 水土-2型人与水土-1型人有相反的生理机制，他们的中枢神经系统很灵活而周围神经系统却不灵活，因此他们想法多、欲望大，但反应模式却不够灵活，很难将自己的想法付诸实践，做事没有恒心和毅力，常常半途而废。他们就像一台动力不足、车身又很笨重的汽车，总觉身体不受大脑的控制。他们给人的感觉是惰性较重，不思进取，实际上他们是有心无力、行动力不足。想法太多，对人并非好事，尤其当一个人执行力欠佳时，纷杂的想法反而会让人无所适从，变成人生发展的一种困扰。

典型人物：明朝的万历皇帝

万历皇帝以怠政闻名，几十年不上朝，明王朝经万历一朝开始走向衰败。史书记载他沉迷酒色，不理朝政，实际上这种表现是行动力不足而导致的自我放弃。

　　万历皇帝幼年即位，国家的政权都掌握在李太后和张居正的手里。张居正是一代能臣，励精图治，锐意改革，使国家在政治、经济、军事上都取得了长足的发展，为万历朝的统治打下了坚实的基础。张居正去世后，万历皇帝亲政，非但没有感怀张居正的贡献，还对他进行了抄家清算。万历皇帝年幼时，在母后和张居正的严格管教之下接受教育，每天天不亮就被逼着诵读经史。一个勤奋好学的人，在成年以后，会感恩自己的这段经历，因为它不但丰富了自己的头脑，还锻炼了自己的意志。万历皇帝却对这段经历耿耿于怀、恩将仇报，充分说明他的个性中有较强的惰性，认知能力也有一定的欠缺，所以他并不认为这样的经历对他有什么价值。

　　万历皇帝还有很强的贪欲，他查抄张居正还有一个重要原因，就是听信了辽王妃上的奏折，认为张居正侵占了辽王家的巨额财产，而搜刮钱财是他的主要目的。

　　沉迷酒色的万历皇帝，似乎与那位汉废帝刘贺有些相似，但他的执行力却比刘贺差了很多。万历皇帝为了立太子的事，与朝臣斗争多年，他想立宠爱的女人郑贵妃生的儿子朱常洛为太子，而大臣却坚持长子为嗣的原则。迁延多年，不遂心愿，万历皇帝对朝政也失去了兴趣，他发现自己左右不了局势，索性听之任之。若是一个有能力的皇帝，会以积极的态度处理大臣的意见，或接受或拒绝，接受就心悦诚服，拒绝则当机立断。万历皇帝想对抗大臣的意见，却又缺乏手段和决心，处事拖沓，不够果断，事情总是朝着与他愿望相反的方向发展，他不想接受，又无可奈何。被迫无奈的接受就会滋生消极的心态，二十多年不上朝，也许是他一种消极的抗争行为。

　　万历皇帝的所作所为受因于自己的性格，并非由于内阁的强势。虽说明朝的内阁制度对皇帝有诸多的制约，但皇权在封建时代有至高无上的赦免权。他的爷爷嘉靖皇帝就是一个典型，在与内阁的抗衡中，他从来没有失败过。万历皇帝的状态由他的糊涂、贪婪、少谋寡断、懒散成性共同造就。

现实生活中，我们也经常见到这一类人，他们饱受自己个性的困扰。我曾在某企业遇到过这样一位男士。在几天的培训中，无论是小组讨论还是案例实操，他都处于边缘游离状态，参与的意愿很低。从他的神态观察，他并不是一个内向、退缩之人，反而眼中还充满了欲求。与他交流后，我发现他果然是个想法很多的人，但很少有想法能够实现，年近中年，一事无成，感到失望和沮丧。在单位里，与他有相同际遇的人很多。工作就是平凡而琐碎的，有的人通过自己的努力得到了升迁，有的人安于现状也乐在其中。而他心比天高又力不从心，总是陷在希望与失望的怪圈中无法自拔，既不能脚踏实地，又无法一飞冲天，悬在半空中滋味难受。

水土−2型人的极端状态是不思进取、贪图享乐，喜欢说大话却很少能兑现。他们中的很多人有酗酒的习惯，在酒精的麻醉下，他们可以暂时忘记理想与现实间的巨大落差。我曾在一位朋友家中遇到一对夫妻，男人看起来敦厚踏实，一副好好先生的模样。奇怪的是，那位妻子却对自己的丈夫露出嫌恶的神色。熟络之后，这位妻子向我"揭露"了男人的真实面目。原来这位看似模范的丈夫，在家中横草不拈、竖草不动，终日烟不离手、酒不离口，喝醉了就发酒疯，是一个令人生厌的人。

火木型人

生理特质：			
大脑左半球	发展程度中等或较低	**大脑右半球**	发展程度中等或较高
敏感性	较高或很高	**灵活性**	中等或较高
稳定性	较低或很低	**唤起水平**	较高或很高

> **主要特点：** 火木型人最显著的特点是情绪中枢敏感，唤起水平高，他们有很重的危机意识，对风险极其敏感，积谷防饥、未雨绸缪是他们最基本的生存策略。他们经常会为昨天的事懊恼、为明天的事忧愁，情绪不稳定，喜欢发脾气，是焦虑指数较高的一类人。火木型人缺乏理性，容易受他人影响，喜欢攀比，虚荣心重。缺乏安全感，喜欢与人争利。不少火木型人具有两面性，他们在外泼辣逞强，但对自己的亲人却富有牺牲精神。

火木型人勤劳好动。 他们动作麻利、行动迅速，想到哪就要做到哪，不能将念头停留在头脑中太久，事情没做完，会让他们寝食难安。他们是被情绪左右的一类人，外界的一个小刺激就能激起他们很高的兴奋度。火木型人的大脑处于抑制状态的时间较短，他们精力充沛，仿佛不知疲倦，在别人眼里，他们是闲不住的一类人。

火木型人有很强的表现欲，虚荣心重，荣誉感强。 他们的表现欲来源于内心的一份不安全感。他们急于表现自己只有一个目的，就是要不断确认自己的价值，他们的自我认同完全需要通过外界的认同来实现。火木型人希望通过自己卓越的表现引起别人的注意，受到别人的赞赏，一旦没有取得预期的效果，就会陷入悲观沮丧的情绪。他们看起来风风火火，实际上内心却很脆弱。

火木型人情绪起伏大，脾气暴躁。 他们的急躁来源于情绪中枢比较敏感，对刺激反应过激。他们的情绪来得快，去得也快。火木型人有控制的愿望，但并无控制的意志，能达到目的更好，如果达不到目的，折腾一番后也会作罢，内心并无执念，这是他们与金木型人最大的区别。金木型人常因执念导致抑郁症，而火木型人却很少罹患这种疾病，他们及时将自己的情绪发泄了出来，不会郁结于心。一阵狂风暴雨后，内心反而变得平静。夏日在暴雨过后，天空都会变得特别明净。火木型人的情绪类似于这样的变化历程。

火木型人理性程度不足，容易被暗示。缺乏理性的人都会有这样的问题，但火木型人表现得更盛，原因是他们的好胜心强，渴望成功，看起来能有助于达成目标的歪理邪说都能在他们这里找到市场。

火木型人争强好胜，对利益看得较重，喜欢精打细算。因为过于敏感，唤起水平太高，火木型人缺乏安全感，正因如此，他们才渴望寻求更大的安全边界，获得更多的生存资源。凡事喜欢争先，不肯吃亏。他们有很强的竞争意识，却缺乏合作精神。

典型人物：《西游记》中的孙悟空

《西游记》虽然是神话小说，但里面的人物却都个性鲜明，每一个人物都能在生活中找到原型。正因如此，我们才觉得它既神幻又真实。好的文学作品将人性刻画得入木三分、深入骨髓，让人叹为观止。

孙悟空的最大特点是性子急、脾气暴躁，看到妖怪，不向"领导"汇报就自行司命，因此与唐僧矛盾不断。在作品中，读者会有一种错觉，好像唐僧好坏不分，孙悟空完全是正义的化身。实际上唐僧是个极富理性的人，在判人死刑前总要先拿出证据来，这是最基本的法理。孙悟空行事冲动莽撞，这样的行为对整个社会的秩序反而会带来巨大的破坏。

像孙悟空这样的火木型人不适合去做执法者，因他们缺乏理性，意气用事，很容易造成冤假错案。

孙悟空还有一大特点：抗压能力差，说不得。"领导"批评几句，就开始闹情绪、撂挑子。生活中的火木型人也是这样，吃软不吃硬，赞美夸奖远比批评指责对他们更有效。

孙悟空虽然行事冲动，却极爱惜自己的荣誉和名声。猪八戒就很了解他的性格特点。唐僧被困，猪八戒去花果山请孙悟空出山，好话说尽，孙悟空不为所动，最后猪八戒用了激将法，假说妖怪对他如何蔑视，一下子就激起了孙悟空的满腔怒火，再也没有心情做他的美猴王。

孙悟空大闹天宫，无法无天，仿佛凶神恶煞，但其实他的心地很善良，每当师傅被妖精抓去，一时无法营救，孙悟空在外面急得直抹眼泪，为师傅担忧、寝食难安，不似猪八戒那样没心没肺，也不像沙和尚那样淡然处之。

生活中的火木型人很多，他们虽然表现不一，但却有很多共同的特质。我的母亲就是火木型人，我因此对这一类人有很深刻的了解。母亲是个很要强的人，手脚麻利，非常勤快。在吃大锅饭的年代，很多人偷奸耍滑，出工不出力，母亲却从不惜力，喜欢争先，为的是大会上的一个表扬或是一张奖状。她性格开朗，会讲故事，走到哪里都会给别人带来欢声笑语。但她却是一个悲观的人，遇到压力很容易崩溃，经常为预想中的损失掉眼泪，为一点点小事辗转难眠。她做事也没有理性，喜欢跟风，好几次被理性的父亲点醒，才避免了损失。她心地善良，刀子嘴豆腐心。因过度劳作，她的身体落下了很多毛病，她经常发誓要对自己好一点，不能只替别人操心，却总是转身依然如故。

火木型人暴躁的程度并不相同，我的母亲只是急躁，并不很暴躁，而有些火木型人却经常有雷霆之怒。因为带了木特质，所以在不发脾气的时候，他们又表现得非常和蔼。我家里有个亲戚是火木型人，小时候，我很喜欢他，因为他很疼爱我，总是摸着我的头说："好好读书，以后去北京，我可以去你那儿享福呢。"在我眼里，他比我的父亲亲切得多。有一次，我去他家里做客，却看到了他的另外一面。他的儿子不知因何事惹恼了他，他气得满脸通红，头上青筋爆出，抄起一根大棒，劈头盖脸一阵暴打，场面甚是恐怖。我吓得躲在一旁，大气都不敢出。据说在家里，这样的场面经常发生。尽管脾气火暴，但他却是个很善良的人，为家人付出不遗余力，对自己却很刻薄，不舍得为自己花一分钱。因劳累过度、积劳成疾，他英年早逝，没等到我上大学的那一天，至今想起来仍令我有剜心之痛。

明朝的第十位皇帝明武宗朱厚照也是这样的性格。关于明武宗，历史对他的评价是：性格复杂，具有多面人格。其实，他的性格并不复杂，他的所有表现都遵循火木型人的行为特点。

明武宗之所以谥号为武，是因为他有些武略，喜欢亲临战场，指挥杀敌。他御驾亲征不是因为有雄才大略、希望开疆拓土，而是因为好勇斗狠、喜欢表现。他需要通过这样的方式疏解自己过高的唤起水平。火木型人一生都没法安静下来，他们需要不停地劳作或是不停地折腾，才能平息自己内心的躁动，安静下来会让他们觉得恐慌。最滑稽的是他在平定宁王叛乱中的表现。在他统治时期，宁王朱宸濠叛乱，武宗领兵南下征讨，未及交战，王阳明已带兵平定了叛贼，抓获了宁王。武宗觉得不过瘾，命令放了朱宸濠，让他再捉一次，方才心满意足。如此"勇武"，着实有点愧对"武"的谥号，由此可见，他的勇武有些作秀性质。

明武宗识人不明，被一群奸佞小人包围，以刘瑾为首的"八虎"把持朝政，弄得满朝乌烟瘴气。凡理性不足的人，多缺乏分辨能力。他们凭感觉行事，顺应自己的就是好人，反对自己的便是坏人，判断对错的标准极其主观，这便让那些阿谀逢迎的小人有了施展伎俩的大好机会。

有人说，明武宗并不是没有魄力和才干，他以迅雷不及掩耳之势铲除大奸臣刘瑾，大快人心，似有拨乱反正、重振朝纲的苗头。但他接下来的行为却令人大跌眼镜，除了继续任用奸臣外，他自己的行为也变得更加荒诞。他铲除刘瑾，完全是因为刘瑾触动了他敏感的神经。奸臣之间也有利益斗争，像刘瑾这样权势熏天、目空一切的人，树敌一定不少，自然有人到皇帝面前去说他的坏话。武宗是个没有安全感的人，知道刘瑾怀有异心，可能威胁到自己的皇权，他的神经马上变得高度紧张，除掉刘瑾是一种本能的自我保护行为。火木型人的行动力极强，一旦动了念头，必要立即付诸行动，铲除刘瑾只是他急躁性格的体现。

明武宗的荒淫让人不齿，他设置豹房，终日淫乐。他的荒唐行为皆因唤起水平过高、无所事事又缺乏约束所致。史书记载，朱厚照爱好音乐，他因此喜欢在歌舞升平中醉生梦死。他的精力过剩，男欢女爱也是消耗精力的一种方式。

明武宗错误投生在帝王之家，肩负了他无法完成的使命，给自己和国家都带来了灾难。他的一生都被奸佞小人所左右，他们为了独揽大权、获取更多的个人利益，通过各种手段挖掘皇帝身上的弱点，将缺乏理性的朱厚照玩弄于股掌之间。他本身并不是大奸大恶之人，他像孙悟空一样，身上有破坏的力量，也有建设的力量。孙悟空因为跟随了唐僧，慢慢被植入了理想和信念，最后实现了人格的升华，从一介泼猴成长为斗战胜佛。而明武宗却遇到了魔鬼，在与魔鬼的交易中，出卖了自己的灵魂，跌入了万劫不复的深渊。

感性有余而理性不足的人容易受环境的影响，他们本身没有坚定的信念，外人很容易将思想植入他们的头脑中，他们是非常容易被暗示的一类人。观察那些传销的人群，会发现他们多是些缺乏理性的人，对那些匪夷所思、完全不符合逻辑的盈利模式，他们深信不疑，因为他们的思维本身就缺乏逻辑性，根本意识不到那些谎言的荒诞。

朱厚照因为落水感染疾病，最后不治而亡。临死前留下遗言，对于他的意外，纯属个人原因，不要追究他人的责任，证明他有非常仗义善良的一面。

火木型人的极端状态是由过高的敏感性和过高的唤起水平导致的焦躁型人格。他们的情绪极容易被激惹，整天絮絮叨叨、说三道四，喜欢传播谣言，诋毁别人。这样的人敏感度太高，情感能力却很弱，没有同情心，自私狭隘，睚眦必报。高唤起水平在他们身上表现的不是勤劳、进取，而是惹是生非，他们缺乏理性，缺少善良，做事不考虑后果。《红楼梦》中的赵姨娘就是这样的性格，连她的女儿探春都讨厌自己的母亲，足见她的可恶程度。凡有些廉耻心的人，都不会认同她的行为。赵姨娘是生活中很多无知泼妇的典型代表，这样的人遍布在生活的角角落落，走到哪里似乎都能看到她们的身影。她们喜欢搬弄是非、打听别人的隐私，对利益斤斤计较，生怕吃亏；见到别人过得比她们好，就嫉妒得发狂；看到别人倒霉，却像伏天喝凉茶一般舒爽；对于妨碍她们的人，必欲除之而后快。

为置凤姐与宝玉于死地，她不惜把仅有的一点零星绸缎和几两散碎银子全部交给马道婆，请她做法除去二人。因女儿不待见她，赵姨娘甚至诅咒自己的女儿像迎春一样嫁到婆家被折磨死才好。天下竟有如此歹毒的母亲。赵姨娘看似精明，会耍点小手段，实际上愚不可及。把精明写在脸上的人都是最愚蠢的人。这样的人脾气极坏，四处树敌，骂人的本事一流，任何肮脏的字眼在她们的嘴里都能吞吐自如。赵姨娘经常因一些小事与下人打作一团，旁观者都拍手称快、作壁上观，她在贾府混到了"过街老鼠，人人喊打"的地步。

她的结局也很悲惨，精神错乱，发疯而死。太敏感的人，对外界的危害极其惧怕，疑心病很重，做多了坏事，总感觉冤魂会来向她索命。他们看似狠毒，实则是被自己的性格左右，不能自控，并不是良知泯灭。一面做坏事，一面又背负了良心的谴责，最终受到良心的惩罚。

读者常认为是因为贾府不良的生存环境才导致了赵姨娘那样的性格，实际情况并非如此。赵姨娘本身的性格才导致了她在贾府中四面楚歌的境地，而非因为她卑下的地位才导致了那样的性格。贾府中还有其他的姨娘，虽然地位不高，但并未受到大家的嫌恶。只能说，环境对赵姨娘这样天性敏感又缺乏安全感的人有更大的影响，加剧了她性格的极端。

人们可能很奇怪，像赵姨娘这样一个女人，如何能得到贾政的青睐，可以由丫鬟的身份上升至妾室，并且还生了一儿一女？我关注到一个较为普遍的现象，这种性格的女人在年轻的时候多数相貌出众，尽管脾气暴躁，她们还是受到很多男人的青睐。男人多是视觉动物，抵挡不住美色的诱惑。因为缺乏内在的修养、性格暴戾，这样的女人随着年岁的增加，相貌会发生很大的变化，人年轻时的相貌是爹妈给的，中年以后的相貌则要靠自己去塑造。没有修养和内涵的人阻挡不了岁月的侵蚀，心灵不美的人，相貌会变得越来越丑陋。我曾见过一个满脸写满尖酸刻薄和愁苦怨恨的丑女人，看到她现在的模样，谁能想到她当年曾经是远近闻名的大美人。《红楼梦》中的赵姨娘已经被岁月侵蚀得面目全非，人们看到的是一个充满怨气、庸俗不堪的蠢女人，谁还能记起她当年曾经明眸善睐、千娇百媚？

土木型人

生理特质：			
大脑左半球	发展程度中等	**大脑右半球**	发展程度中等或较高
敏感性	较高或很高	**灵活性**	较低或很低
稳定性	中等或较低	**唤起水平**	中等或较高

主要特点： 土与木是相克的两种特质，会给人带来一种束缚的力量，阻碍人思维与行为的活跃度，他们中的很多人存在社会适应不良。土木型人心思细腻，他们与木型人有很多相似之处，感性思维丰富，关注细节，理性思维较弱，不善统筹，做事效率不高。他们有敏感的心灵，容易受伤害，却不为人所知，因为灵活性较低，他们的外在表现总是波澜不惊，仿佛对一切漠不关心，而实际上外界的刺激对他们影响巨大。

并非所有的矛盾都可以带来创造力，与思维有关的矛盾才是创造力的来源，创造本身就是一种思维活动。金与木的矛盾可类比为"人民内部矛盾"，有调和的可能性，而土与木的矛盾就相当于"敌我矛盾"，难以调和。因此，必定会产生一种逃避的机制——尽量减少对环境刺激的接收。

土木型人没有很强的功利心，喜欢过安稳的生活。 因为灵活性较低、意志力较弱，他们应对环境变化的能力有限，采取的是保守的行事策略。土木型人没有开拓性，不能承受很大的压力，但对既定框架之内的事情却有较好的执行力。因为敏感，他们很在意别人对自己的看法，对自己有一定的要求，只要力所能及的事情，总会认真对待，竭力完成。

土木型人喜静少动，是非常安静的一类人。 喜欢安静的有三种人。一种是很理性的人。他们缺乏激情、厌恶喧嚣，在理性的克制下保持一种沉静的状态。第二种是很敏感的人。太敏感的人无法筛选有效信息、屏蔽无效信息，在嘈杂的环境中，会令他们心烦意乱，因此主动回避刺激，清静自守。第三种就是不灵活的人。不灵活的人惧怕与人打交道，他们常常词不达意，也猜不透别人的意图，面对人群手足无措，因此选择逃避人群。土木型人同时具备了第二种和第三种特质，因此显得比较沉静。

土木型人是优柔寡断的一类人。 他们理性能力不足，分析力和判断力受到制约，面对选择时无所适从，有较重的依赖心理。

土木型人惧怕风险，患得患失。他们不敢承担太大的责任，没有决断的勇气，畏惧权威，害怕强权，没有反抗精神，受了委屈只能自己默默承受。

典型人物：《红楼梦》中的迎春

《红楼梦》中描写迎春的相貌气质："肌肤微丰，和中身材，腮凝新荔，鼻腻鹅脂，温柔沉默，观之可亲。"总体感觉就是一个温和沉静的人。与金陵十二钗中的其他人相比，她似乎少了点灵气，诗词歌赋不在行，没有才情，更没有风情，因此得了个诨名"二木头"。用小厮兴儿的话来解释就是："戳一针，也不知嗳吆一声。"迎春性格懦弱，丫鬟司棋被逐，她一句话也不敢说，导致司棋悲惨的结局。她是个自顾不暇的人，哪有能力为别人出头？不是不想，而是不敢。

在第二十二回中，迎春做过一首谜语："天运人功理不穷，有功无运也难逢，因何镇日纷纷乱，只因阴阳数不同。"谜底是算盘。迎春的命运与算盘何其相似，拨来转去，任人摆布，最后被她的父亲送给了孙家，羊入狼口，迎春悲剧的命运进入高潮。那位"中山狼"怎么会喜欢老实木讷的迎春？柔弱的迎春在孙家，不出一年，便被折磨至死。她表面麻木，内心却极度敏感，这是她早逝的主要原因。一个人心灵的伤口虽然看不见，但它对人的杀伤力却是致命的，不幸的遭遇先杀死了她的心，然后毁灭了她的身体。

生活中的土木型人并不都像迎春一样命运多舛，他们中的不少人心态中正平和，没有过多的欲望，秉承着与人为善的原则。在他们身上散发的是一种诚实和恬静的气质。我认识一个这样的女子。她话不多，但为人非常诚恳，对人热心，有奉献精神。团体组织活动，她总是积极配合，不辞辛苦，默默为大家服务。她是那个愿意坐在路边为他人鼓掌的人。这样的人在生活中不为人关注，却不可或缺，这个世界永远不缺主角，而是缺乏能够兢兢业业做好配角的人。相处久了，发现她很有生活情调，喜欢在家中栽花种菜，还喜欢做些手工布艺，有很好的艺术表现力。

土木型人的极端状态是自闭倾向。这样的人格土特质较重，他们只是敏感，但并不感性，情感能力也比较匮乏。因为敏感性太高而灵活性又太低，无法应对复杂的外界信息，所以产生人格障碍。敏感的人需要有灵活的应对方式与之匹配才好，接收的信息很多，反应却很迟钝，很容易产生超限反应。很多这类性格的人在青春期之前表现还算正常，虽有些内向寡言，但并不影响正常的学习和生活。进入青春期后，他们的世界开始变得复杂，不像孩童时期那样单纯。身体的成熟强化了他们的自我意识，他们从此要作为一个独立的个体与外界打交道，解决人际交往中的各种问题。这时，他们人格中的矛盾就集中爆发出来，内心受到极大的困扰，一点儿小的刺激就可能引起他们情绪的崩溃。情绪的失控还会影响到人的学习能力。情绪是人的底层操作系统，情绪崩溃了，人的各种能力都会失去根基。在不堪重负的情况下，他们启动了自我防御机制，用回避和漠然屏蔽外界的纷扰，不愿与人交流，躲避在自己狭小的世界中，获得一份心灵的安宁。

很多成人幼稚病患者也是这样的人格。幼稚的个性并非完全由于父母过于包办和溺爱所致，性格才是内因。在成人的世界里，他们举步维艰，找不到存在感，就退回到孩子的世界里，寻找一份快乐和安宁。

有些天生的自闭症患者也跟带了土和木两种特质有关，我观察了很多自闭症患儿的父母，他们多数是一方带了较重的土特质，另一方带了较重的木特质，父母本身没有问题，但结合了双方特质的孩子却出现了病态。

土火型人

生理特质：

大脑左半球	发展程度中等	大脑右半球	发展程度中等或较低
敏感性	中等	灵活性	较低
稳定性	较低	唤起水平	较高

主要特点： 土火型人综合了土型人和火型人的特点，他们心地纯正，为人忠勇；重友情，讲义气；性格急躁，做事高效。他们的缺点是缺乏理性、行事鲁莽、没有长远的目光。虽然思维与行为不够细致，也没有足够的耐心，但却有较强的责任感和荣誉感，遵守诺言，是值得信赖的人。

典型人物：《水浒传》中的武松

武松性格豪爽、为人厚道。景阳冈打虎，得了县里的一千贯赏钱，武松将赏钱全部分与众猎户，为人慷慨大方。武松在为人处世上也比较得体，他在县城里做都头，人缘极好，一时间"上官见爱，乡里闻名"。这与他在柴进庄上的表现大相径庭。那时候，他落魄避难，心态极差，又受到冷遇，因此与庄客龃龉不断，让人厌恶。环境对一个感性冲动的人影响极大，找到适合自己的位置，人格上得到尊重，他们的性格会变得平和许多。

武松后来为哥哥报仇，身陷囹圄，毁了自己的前程，说明他是个重情重义的人，同时也显现了他的冲动鲁莽。武松又是一个戒备心较重的人。他在上景阳冈之前，店家告诉他山上有大老虎，叫他住一晚再走，武松怀疑店家不怀好意，意图谋财害命，坚决不予理睬。他又是个极要面子的人，在路上看到县里的布告，知道山上真的有吃人的猛虎，心生胆怯，准备转头回去，但想到可能遭受店家的嘲笑，他又打消了这个念头。在生命和面子之间权衡，他居然选择了面子。火土型人荣誉感极强，这是他们行侠仗义的动力。

生活中，经常能见到土火型人。一日，我坐朋友的车去火车站，路上与一辆轿车发生了剐蹭。那辆车上坐了一老一少两个男人，像父子俩。他们一边开车一边争执，疏忽了对路况的观察，才发生了这起事故。两人满脸怒容从车上下来，看样子一场争吵在所难免。在路上，我经常看到这样一幅景象：发生了交通事故，不论谁的责任，双方总是试图将责任推到对方身上，轻则互相谩骂，重则推搡打斗。我急着赶火车，生怕会出现这种场景，但等看清了这两人的样子，我就彻底放心了，因为他们是土火型人，本性敦厚，不是不讲理的人。果然，两人下车后，看了车况，非常客气，主动承担责任，连说对不起，谈妥了理赔的方式，互留了电话，几分钟就解决了问题。土火型人虽然性子火暴，但为人却很厚道，是自己的责任就不会推到别人的身上。他们做事很爽快，绝不拖泥带水。

土火型人的极端状态是我们通常所说的那种有点"二"的人。他们智商不高，想问题简单；唤起水平又特别高，性格极其火暴，容易被激怒；情感能力较弱，缺乏同情心；渴望被赞赏，容易被人利用。《水浒传》中的霹雳火秦明就是这样的人格。

秦明出身军官世家，使一条狼牙棒，有万夫不当之勇，因为性格急躁、声若雷霆，绰号"霹雳火"。他在青州任兵马统制，受上司指派去青风山捉拿宋江、花荣等一干反贼。秦明是个有勇无谋的人，性格急躁，贪功冒进，中了宋江、花荣的计谋，跌入陷阱中被捉。

秦明被擒后，清风山众头领劝秦明归降，秦明不愿意，众头领便留秦明在山上吃饱喝足，答应过些时候放他回去。趁他酒醉，宋江派人假扮秦明，在青州城外杀人放火。慕容知府认为秦明反了，就杀了他的家小，秦明被断了归路，只好回了青风山。得知真相后，秦明先是愤怒，打算动手，转而又找出各种理由说服自己，咽下这口气，最终愿意归顺了。宋江为了赔罪，将花荣之妹嫁给了秦明，秦明又欢欢喜喜做了新郎，短短时日就将家人被杀的伤痛忘得干干净净。

在这个过程中可以看出，秦明虽说勇敢，也有忠人之心，但做事原则性不强、很容易动摇，不似关羽那样忠义，宁死不改自己的立场。这是因为土火型人左脑发展程度有限，理性不足，意志力水平不高，他们容易被情绪控制，而不是被理性控制。在激昂的情绪之下，他们表现得勇敢无畏，待情绪消退之后，又会变得没有主张，容易被他人左右。妻小被杀，秦明并未表现出深切的伤痛，相反，听说宋江许他一房新的妻室，便不再计较他们的算计。失去妻小，对于秦明而言却仿佛丢失了一件旧衣裳。这样的男人为了所谓的哥们义气，可以毫不犹豫地牺牲自己的家人，这是另一种形式的虚荣。在传统社会里，儿女情长常受人鄙视，英雄气概更受人追捧。这样的土火型人对家庭缺乏一定的责任感。

金水木型人

金水木型人因为左右脑发展水平和唤起水平的差异，可分为金水木-1型、金水木-2型、金水木-3型和金水木-4型。

1. 金水木-1型

生理特质：			
大脑左半球	发展程度较高或很高	**大脑右半球**	发展程度中等或较高
敏感性	较高或很高	**灵活性**	较高或很高
稳定性	中等	**唤起水平**	中等或较低

主要特点： 金水木-1型人左脑发展程度优于右脑，唤起水平相对较低。带有金、水、木这三种特质的金水木-1型人是复杂多变的一类人。他们有金型人的理性，有水型人的灵活，还有木型人的感性，刚柔相济，动静相宜。他们像马基雅维利在《君主论》里所描写的理想君主的模样：有狮子一样的凶狠，还有狐狸一样的狡猾。他们是不受规则约束却懂得充分利用规则的人。虽然金水木-1型人理性和感性兼具，但总体上理性占据主导地位。

金水木-1型人有金水型人的所有特点：志向远大，胆识过人，高瞻远瞩，富有谋略。不同的是，他们的情感能力较强，想象力丰富，敏感性高，疑心病重。他们的成就动机比金水型人更加持久，内驱力强大，这种内驱力是促使人奋发的最主要动力。人的成就动机通常有两个来源，一种是为了获取良好的社会评价、拥有好的名声，另一种则是为了满足人的各种欲望，敏感的人更在意他人的评价，灵活的人容易滋生出较多的欲望。很多事情我们想做而不敢做，是因为受到社会规范的约束。敢于打破规则的人，总是能为自己和他人创造出各种欲望。金水木-1型人两者兼而有之，因此他们有源源不断的奋斗动力。

金水木-1型人还有很好的洞察力，了解人心，洞悉人性。拥有超凡理性的很多金型人往往不具备这种能力，原因在于人们对他人的了解更多依靠的是主观感觉，人常将自己的想法投射到他人的身上，在别人身上看到的往往是自己的心理投影。成语"以小人之心度君子之腹"说的就是这个道理。自己没有欲望的人无法理解他人的欲望；自身不遵守道德的人也无法理解他人的高尚。金水木-1型人兼有金、水、木三种人的特质，与这三种人都有共鸣，了解他们的想法和需求。发自本性，却无形中在自己身上形成了一种凝聚力。他们能团结更多的人为了一个目标去奋斗，依靠群体的力量成就大业。

典型人物：三国时的曹操、孙权

历史上对曹操的评价是"奸雄"。在他的身上既有英雄气概，又有奸诈伎俩，这种表现与他的个性密切相关。金水木-1型人也是具有人格矛盾的人，因为有水特质居中调和，所以他们的矛盾表现得没有金木型人那样剧烈，但随着环境的变化，却会有多面人格的呈现。

金水木-1型人胆识过人、敢于冒险，他们有乐观的心态和包容的胸怀，具备很强的感召力。古往今来，凡能成大事者，必懂得延揽人才的重要性。吸引什么样的人才，一方面与自身的气质和素质有关系，另一方面则与一个人的包容度密切相关。与曹操同场竞技的袁绍，起初因自己出众的才能和显赫的家世，吸引了许多杰出的人才。可是袁绍欠缺的是气量，他敏感多疑，刚愎狭隘，不出几年，便将丰厚的家底败得七零八落。袁绍的问题是自视甚高，态度傲慢，认为自己是最聪明的人。傲慢就会带来轻蔑和武断，最后的结果就是人心离散、众叛亲离。

曹操虽也有敏感多疑的缺点，他误杀吕伯奢一家、装神弄鬼、假装梦中杀人，都是疑心病重的表现。但曹操的多疑与袁绍的多疑却有不同，他懂得灵活变通，该防范的时候多疑，该信任的时候豁达。曹操的过人之处在于他能放低自己的姿态，给手下人施展才能的机会。虽然他有时也会好大喜功、一意孤行，但事后总能深入反省，不断遏制自己的弱点，用理性驾驭自己的欲望。当然，曹操所做的这一切并不是因为他道德高尚、有强大的自律能力，相反，他却是在道德上有诸多瑕疵的人，狡诈冷酷，贪婪好色。李宗吾在《厚黑学》中就把曹操树立为腹黑的典型。

其实历史上腹黑的大人物又岂止曹操一人。汉朝的开国君主刘邦、南北朝时宋的开国君主刘裕在人生的早期都曾是放浪形骸之人，他们后来到底靠什么取得成功呢？仅仅是因为他们胸怀大志、敢作敢为吗？论志向和胆略，那个质疑"王侯将相宁有种乎"的陈胜应该首屈一指，可他壮志未酬却早早死在了部下的刀下。仔细分析后发现，这些成功者身上都有一个最重要的品质——慷慨，他们懂得分享，对手下人的封赏常常超越对方的预期，这才是许多人愿意死心塌地追随他们的最主要原因。逐利是人的本性，人们对于那些让自己获得利益的人总是心存感激、念念不忘。这些人完全以目标为导向，对于有助于自己实现目标的人才，表现出极大的包容性与慷慨性，这是他们能取得成功的重要原因。

三国时东吴的国君孙权也是这样的性格。书中描写他头脑冷静、深谋远虑而又雄心勃勃，并且器量宏大、知人善任。孙策在临终时曾对孙权说："冲锋陷阵、争霸天下，你不如我；举贤任能、守护江东，我不如你。"曹操与孙权有很多共同点，都是胆略过人、胸怀宏阔的人，同样知人善任、礼贤下士，这也许是曹操感叹"生子当如孙仲谋"的主要原因，人常会欣赏与自己有些类似的人。

孙权和曹操也有许多不同的行为方式。比如，曹操更强硬，孙权更怀柔；曹操好色、不检点，孙权更加风雅；曹操好大喜功，孙权更加谨慎稳重。同样人格的人，表现并不完全相同，这是因为每个人在各个分特质上的程度并不相同。比如，曹操的灵活度高于孙权，敏感性低于孙权，他的右脑功能强于孙权，因此更有想象力。曹操卓越的文学才能得益于发达的右脑，感性能力优越。在赤壁大战的前夕，曹操曾作《短歌行》一首，通篇充满了感伤哀愁的情绪，勇武豪迈的一代枭雄也有多愁善感的一面。其实，那时他的直觉已经告诉他前景不妙，只是箭在弦上、不得不发。适度感性的人往往有较好的直觉，也就是我们俗称的第六感。成大事者，都有很好的直觉，对人和事的判断，有时并不完全依靠理性的分析，直觉在很多情形下比理性更加准确。

曹操与孙权的不同还与他们后天的成长环境有关。曹操白手起家，在刀枪剑戟中开创自己的事业，身上多了些草莽气；而孙权有父兄为他遮风挡雨，在相对安稳的环境中成长，因此多了份儒雅之气。但他们的大部分人格比较接近，有内在的一致性，尤其是到了晚年，他们的人格表现出惊人的一致性，都变得极度敏感多疑，与年轻时的作为有很大的分别，这是他们的木特质在起作用。很多木型人年纪越大，敏感性越高，疑心病越重。在危机四伏的环境中，这种情况会更加严重。处在权力旋涡中的曹操和孙权，不曾有过安稳的日子，他们时刻要提防他人的颠覆，防御心理变得越来越重。孙权在晚年甚至连自己的儿子也不放过，曹操则开始诛杀曾经信任的贤臣谋士。

很多金水木-1型人随着年龄的增加，欲望会越来越膨胀，而理性却会越来越缺失。与他们年轻时的明达、宏阔大相径庭。如果不注意个人修为，人格就会走向极端。官场上和生意场上，那些先扬后抑的人，很多是这一类人。在人的一生中，人格中的各种特质会不断在矛盾斗争中寻找平衡。他们遵循的规律是你进我退、此消彼长。相同的基因并不完全有一样的表达，后天的生存环境可以改变特质的表现形式。

金水木-1型人的一种极端表现是刚愎武断，好大喜功，骄奢淫逸，残暴寡恩。隋炀帝杨广就是这样的人格。隋炀帝虽然昏，但并不庸，他是个胸怀大志的人，渴望建立震古烁今的丰功伟绩。他在人生的早期表现得豪迈英武、智慧通达。他饱读诗书，文才卓著，孝敬父母，礼贤下士，在满朝上下博得一片喝彩之声。正因如此，他才能取代兄长的太子之位，继承大统。

失去了制约后的杨广却像换了一个人，暴虐荒淫，刚愎自用。他的欲望膨胀到了极点，以致举全国之力也不能支撑他的野心。在他身上有灵活性的极端，他无视规则和人伦道德，用虚伪诡诈的手段骗取父母和朝臣的信任，攫取本不该属于自己的储君之位。他还是个虚荣到了极点的人，洛阳有很多外国藩王来访，为了显示国家的富饶强盛，隋炀帝下令整修装饰洛阳市场内的店铺，屋檐造型一致，店内挂满帷帐，堆积各种珍贵货物，来往的人也必须穿上华丽的服装，就连卖菜的也要用龙须席铺地。只要有外族的客人路过酒店饭馆，一律请进店内款待，吃饱喝足，分文不收。哄骗他们说："中国富饶，酒饭历来不收钱。"他还是野心达到极点的人，开运河，修宫殿，恨不能建万世之功，却给当时的老百姓带来了深重的苦难。

极端的金水木-1型人不但喜怒无常，而且意志很容易被摧毁。隋炀帝看到反叛的浪潮席卷全国，江山岌岌可危，不是想办法平定叛乱，而是偏安扬州、消极逃避，导致军心尽失、大臣反叛，自己也不得善终，与他从前的作为判若两人。一旦人格极端了，就像弹簧锈蚀了，完全失去了韧性和弹性，很容易被外力打垮。

金水木-1型人还有一种极端状态，他们的右脑发展程度不高，但敏感度却非常高，情感能力较弱，缺乏同理心，与其他带水特质的人不同，他们的外在表现却缺乏灵动，浑身戾气。他们为人心胸狭隘，脾气暴躁，甚至在公众场合也不能掩饰自己易被激怒的状态。他们对人怀有很重的戒心，这类人做事不守规则，喜欢投机取巧，为人自私虚荣，把利益看得很重，是极其吝啬的人。

2. 金水木-2型

生理特质：

大脑左半球	发展程度较高或很高	**大脑右半球**	发展程度中等或较高
敏感性	较高或很高	**灵活性**	较高
稳定性	中等	**唤起水平**	较高

> **主要特点：** 金水木-2型人与金水木-1型人都是偏理性的人，不同的是他们的唤起水平高于金水木-1型人，与金水木-1型人外在表现有一定的差异，金水木-2型人通常谨言慎行，谦和低调，没有金水木-1型人的张扬和高调，这与他们较高的敏感性和较高的唤起水平有关。他们跟金木型人有很多共性，对风险稍敏感，有较重的忧患意识；富有洞察力，追求完美。但他们比金木型人灵活性高、变通能力强，善于构建人际关系。金水木-2型人工于心计，善于筹划，比金水木-1型人更有耐性和忍性。

典型人物：司马懿、晚清实业家盛宣怀

司马懿是曹操的谋臣，曹操晚年变得敏感多疑、喜怒无常。有"王佐之才"、曾为他立下汗马功劳的谋臣荀彧也被逼自杀，而司马懿却能够独善其身，必有其过人之处。曹操说他有"狼顾之相"，知道他不是久居人下之人，对司马懿有所忌惮，但最终却没有痛下杀手。原因就在于司马懿善于权变，能够放低姿态。一方面支持曹操称帝，迎合了曹操的心理；另一方面与曹丕交好，押对了政治筹码。司马懿少年时期就不同凡响，尚书崔琰与司马懿的兄长司马朗交好，曾对司马朗说："你弟弟聪明懂事，做事果断，英姿不凡，不是你所能比得上的。"司马懿辅佐曹操，谦虚恭谨，废寝忘食，深受器重。也许司马懿本没有夺取曹魏天下的打算，但是曹丕去世后，形势发生了变化。掌权的曹氏亲贵都是大草包，本事没有，整人一流。因为他们驾驭不了司马懿，所以能采取的唯一自保方式就是排挤他、消灭他。失去了生存空间的司马懿，只能韬光养晦、装病示弱，等待时机成熟，一举扳倒对手。司马懿一生最大的特点就是能忍，轻易不出招，出招必取胜。在人生的赛场上，不是只比谁跑得快，还要看谁跑得久。

金水木-2型人不但情商高，而且想象力丰富，不少人有卓越的商业才

能。清末官员、洋务运动代表人物盛宣怀就是这样的人格。

盛宣怀是著名的政治家、企业家和慈善家，被誉为"中国实业之父""中国商父""中国高等教育之父"。李鸿章夸他"志在匡时，坚韧任事，才识敏瞻，堪资大用。一手官印，一手算盘，亦官亦商，左右逢源"；鲁迅说他是"卖国贼、官僚资本家、土豪劣绅"。人的两面性泾渭分明，从不同的角度去看，结论大不相同。

盛宣怀创造了11项"中国第一"：第一个民营股份制企业——轮船招商局；第一个电报局——中国电报总局；第一个内河小火轮公司；第一家银行——中国通商银行；第一条铁路干线——京汉铁路；第一个钢铁联合企业——汉冶萍公司；第一所高等师范学堂——南洋公学（今交通大学）；第一个勘矿公司；第一座公共图书馆；第一所近代大学——北洋大学堂（今天津大学）；创办了中国红十字会。

他热心公益，积极赈灾，创造性地用以工代赈的方法疏浚了山东小清河。盛宣怀一生经历传奇，成就不凡，声名显赫，蜚声中外。

洋务运动之所以失败，与清末腐败的政治有关。盛宣怀既是政府官员，又是官僚买办，政商不分，难免引人贪腐。盛宣怀在创造11个"第一"的同时，其个人财富也急剧增长，成为全国首富。到他1916年去世时，留下了一千多万两白银。盛宣怀积累的财富中有很多属于灰色收入，有些甚至是不义之财。

也许是因果报应，他的巨额财产后来被自己的儿子盛恩颐败得精光。从哪里来，又回哪里去，天道轮回，不由让人感慨。

金水木-2型人的极端人格多由灵活度与敏感度过高所致，他们心狠手辣、阴险狡诈，为达目的不择手段。唐玄宗时的大奸相李林甫就是这样的人。

　　成为一代奸臣也不容易，首先，他得有些才华，比如蔡京和严嵩，不仅文章写得好，字也写得漂亮。其次，他还得有些能力和手腕，在很多文学作品中，奸臣都是些不学无术的人，但实际上，能蒙蔽皇上并不是一件容易的事，更困难的是，他们还要面对朝堂上那些时刻准备扳倒自己的反对派。著名奸臣秦桧就是科举状元，智商、情商都属一流。一个有才华、有手段的人，还能低下身段、耐着性子，小心伺候别人，更是难上加难，需要有超凡的意志力。正人君子用毅力克服自己的弱点、造福人群，而乱臣贼子则用自己的毅力扭曲人性、谋取私利。

　　这类人有一个共同的特点：他们一方面对权力和财富有强烈的欲望，另一方面又极度缺乏安全感。李林甫有个绰号"笑面虎"，一个人总是以虚伪的笑脸示人，一定是为了掩饰某些不可告人的动机。好像女人戴上了面纱，人们就无法窥见她的庐山真面目，李林甫要掩饰的正是他对别人的嫉妒和自己内心的不自信。李林甫为相12年，导致国家人才凋敝，有才的、正直的人全都被他拒之门外，他只用那些比他更卑污、更无能的人，这样就没有人能对他的地位造成威胁，他的心里才能踏实。当然，李林甫并不是一点本事都没有，他不但擅长逢迎皇上，还有一套驭人之术，连野心家安禄山都对他畏惧几分。李林甫轻描淡写的几句话就能让安禄山脊背发凉、冷汗直流，说明他对人有非凡的洞察力。

　　李林甫这样的人，如果放在合适的位置上，应该算一个人才。奸臣并非天生就是奸臣，某些人格只有在一定的环境中才会将人性中的恶发挥得淋漓尽致。奸臣常与昏君相伴而生，一个贪图享乐、不问政事的皇帝是奸臣产生的沃土。奸臣还需有某些特长能够迎合君主的某些需求，让君主视他为心腹。李林甫的特长就是善于揣测上意、曲意逢迎，正迎合了步入晚年的唐玄宗好大喜功的心理。靠媚术上位的李林甫并不具备宰相的德行和才能，处于德才均不配位的尴尬境地。孔子说："德不配位，必有灾殃；德薄而位尊，智小而谋大，力小而任重，鲜不及矣。"

有竞争关系的两个人，使阴谋的那一方一定是自感实力不足、有些心虚的人。李林甫在宰相的位置上总是战战兢兢，因为他发现比他适合做宰相的大有人在，所以才会不择手段地予以打压和铲除。跟一个强烈没有安全感的人在一起共事是件非常危险的事情，随时可能会成为他为求自保而牺牲的对象。李林甫与杨国忠的矛盾正是因为他嗅到了前所未有的危险信号。杨国忠比他有人脉优势，是杨贵妃的族兄，这一点无论如何李林甫都无法超越；杨国忠比他更善于讨好皇上，他的作风更大胆、手法更激进，有一套敛财的本事，更受唐玄宗的喜爱和欣赏。与杨国忠相比，他的魅力黯然失色。

失宠后的李林甫每天惴惴不安，曾经那样善于揣摩上意的一代权臣此时也乱了方寸。皇帝的一颦一笑、一举一动都会触动他敏感的神经，在这样的压力之下，李林甫病了。他多么渴望皇上能够来送医问药，君臣嫌隙顿消，依然和睦如初。可是唐玄宗只是站在皇宫的城楼上，象征性地挥动了几下红巾。李林甫明白，他的时代终结了，在忧惧之中，他的精神坍塌、心理崩溃，凄凉地死去。人情薄如纸，他在死前心里一定有无限的伤感和悲愤。

奸臣并不认为自己是奸臣，他们自认为恪尽职守，为皇帝分忧解难，必要的时候还要充当皇帝的替罪羊，秦桧就替宋高宗背了千古骂名。他们认为自己对皇帝是极其忠诚的，总是温言软语，哄皇上开心，想尽千方百计让皇上过得舒心。生活中如果有一个人这样对你，你一定不会以为他是坏人，这就是奸臣层出不穷的主要原因。他们看似效忠了某个人，却背叛了国家。对君王来说，他的存在不是代表个人，而是代表国家。奸臣还忽略了对自己行为动机的认识，他的出发点是为了给自己谋取私利，并不是出于公心。人常常用虚假的动机欺骗自己，以正义的名义能让人更加心安理得，除了一些本性残暴、灭绝人性的人，大部分人还需要道德来给自己做遮羞布。

生活中有一部分金水木-2型的极端人格是因为大脑左半球只有部分能力比较发达，敏感性特别高，情感能力不足。他们的控制欲望强烈，但是认知水平却不高，看问题比较偏狭，道德水准较低，为求自保，喜欢做损人不利己的事情。我以前遇到这样的人，心里甚为不解。一般人害人总为利己，但这样的人宁愿两败俱伤，也不想让他人好过。因为缺乏安全感，他们总是试图踩着别人往上爬，别人倒霉，他们的安全感就骤升。在他们的字典里，只有竞争，没有共赢。

3. 金水木-3型

生理特质：

大脑左半球	发展程度较高或部分较高	大脑右半球	发展程度较高或很高
敏感性	较高或很高	灵活性	较高
稳定性	中等或较低	唤起水平	较高

主要特点：金水木-3型的人的外在表现与金水木-2型人比较类似，灵活变通，态度谦恭，行事谨慎。与金水木-2型人不同的是，他们的右脑比左脑发达，感性居于主导地位，性格更加阴柔，善于迎合他人。他们的意志力比金水木-2型人弱，为人谦和，不强势，宜人度较高。因为感性，他们中的一些人有文学或艺术天赋。

典型人物：《红楼梦》中的贾芸

贾芸是贾府中最有头脑的年轻人。他聪明机巧、能说会道，善于经营人际关系，具备较高的情商，因宝玉一句玩笑话"像我儿子"，他便伶俐地说："如若宝叔不嫌侄儿蠢笨，认作儿子，就是我的造化了。"为了到荣国府谋事做，他对凤姐百般奉承，又夸她能干又送她香料，得了一个管花草的职位。贾芸有经商的天赋。他能够放下脸面与尊严，只要能达到目的，并不介意采取什么方法。贾芸很有同理心，精通人情世故，因为宝玉无意间的帮衬，得了花草生意，还不忘送两盆白海棠花来表示感谢。在书中，贾芸最后堕落成设计卖掉巧姐的帮凶，而在电视剧中他却成了一个重情重义的人，贾府败落后帮助过身陷囹圄的宝玉和凤姐。这两种结局都有些极端，贾芸并非一个大仁大义之人，但也不至于堕落成人贩子。

贾芸的精明还体现在他择偶的目光上，小红不仅长得标致，还是众多丫鬟中性格最好的一位，她乖巧机灵，讨人喜欢，与贾芸是天造地设的一对。贾芸虽不是富家公子，但他却有一种别样的气质，谦和低调，善解人意，言语得体，行事周到，怎么看都是一只潜力股。小红初见到贾芸就已经芳心暗许，此后的红帕传情，是二人心照不宣的浪漫表达。贾芸有较强的适应性与生存能力，无论在什么世道，他总是能找到机会，让自己过得风生水起。小红被贾芸吸引，正是因为在他身上看到了可以依托的安全感。

金水木-3型人的极端与后天不良的处境密切相关，他们比金木型人更容易受环境影响。强烈渴望安全感与存在感，容易导致心态扭曲。民国作家胡兰成就是这样的人格。

胡兰成能俘获一代才女张爱玲的芳心，可见他的魅力非同一般。在生活中，我也经常见到这样的人，他们感情细腻，说话温和得体，为人灵活机智，再冰冷的心也会融化在他们的柔情里。在人们的眼里，胡兰成朝三暮四、没有操守。这样的人魅力从何而来呢？其实，他是深谙女人心理的人，他在与女人交往之初，表现得极其慷慨，让女人觉得他是深爱她的。女人在情感中需要的是安全感，当她确认了这份感情的可靠性后，心智就受到了蒙蔽。为心爱的男人付出，她们会不计代价，多少女人就这样被骗得倾家荡产。

金水木-3型人本身缺乏安全感，他并不是有心去欺骗女人，只是希望在女人的欣赏和仰慕中获得一份存在感，在女人的关怀和付出中找到一份安全感。男人过度花心实际上是一种病态，这样的男人内心深处有深层次的自卑，他们不停地去魅惑女人，只是要一再确认自己对女人的吸引力。一生风流的胡兰成，最后居然停泊在大汉奸吴四宝的遗孀余爱珍的身边，与她白头偕老，这个彪悍的女人才是最能满足他安全感的人。

太过灵活的金水木-3型人，还可能狡诈善变，不择手段，大奸相严嵩就是这样的性格。史书记载，严嵩是极为阴柔的人，对于权势高过自己的人，无论人家怎样羞辱他，严嵩都全盘接受。正直耿介的夏言对严嵩的作为极为不屑，几次三番让严嵩颜面尽失，严嵩不但没有表现出丝毫的不满，反而毕恭毕敬、欣然受之。但他绝不是个豁达的人。敏感的人喜欢记仇，他将每一笔账都记在心里，最后用夏言的性命做了清算。

与胡兰成不同的是，严嵩是个非常专情的男人，一生只有一位夫人，不曾纳妾。研究史料后，我发现了一个奥秘，严嵩的夫人正是与余爱珍性格相同的女人，他的夫人就是他的主心骨和坚强后盾。史书记载，夫人死后，他从此不能够料理政事。严嵩不花心是因为遇到了最合适且又能彻底折服他的女人。很多感性的人表现得不专情，是因为情感的需要未得到满足，如果遇到情浓意惬的爱人，他们也许不会到外面去寻找精神的寄托。

严嵩的儿子严世藩就遗传了母亲的性格，他无论长相还是性情都与严嵩大相径庭。严嵩谨慎、低调，而严世藩则狂妄跋扈、贪婪凶狠。严嵩落得悲惨下场，他的儿子是主要祸根，管不住家里人是他走向覆灭的最主要原因。

严嵩获罪后，觉得很冤枉，他不认为自己是奸臣，也许严嵩真的与我们想象中的十恶不赦的奸臣形象有些出入。他并不是一个完全没有操守的人，嘉靖皇帝对严嵩的评价是"忠、勤、敏、达"，这四个字就是严嵩的人格画像。在嘉靖皇帝的眼里，他应该是个勤奋敬业的辅臣、一个贴心体恤的下属、一个聪明机敏的合作伙伴、一个随和通达的倾听者。

　　严嵩因得了嘉靖皇帝一人之心而拥有了对天下人生杀予夺的大权，他与李林甫陷入了同样的境地：才不配位。一个人在机缘巧合之下攫取了自己不能胜任的官位，必定引起旁人的觊觎和反对。就像武大郎娶了潘金莲，不般配的婚姻只能招来祸殃。处在武大郎的位置，只有将自己的情敌消灭干净才能安枕无忧。武大郎也想这样做，可惜他人矮力单，反被西门庆踢得半死。严嵩则不同，他有嘉靖皇帝这个强大的后盾给自己撑腰，要风得风、要雨得雨，敢于跟他作对的人全部没有好下场。在严嵩看来，这并不过分。打个比方，如果有人要置你于死地，你奋起反抗将对方杀死，你绝不会认为自己残忍，反而认定那是正当防卫。很多人作恶是受求生本能的驱使，在那样的境况下，不是你死就是我死，没有第二条路可走。严嵩杀死的都是反对他的人。忠臣也会杀人，只是他们杀的是奸臣，奸臣死了大快人心，人们便不觉得他们残忍。后来的徐阶和张居正也是权倾朝野、独断专行，权力失去了制衡都会有独裁的趋向，功过评说依据的是行为的结果。于国于民利大于弊即为忠，弊大于利则为奸。

　　胡兰成和严嵩是特定历史背景下的牺牲品，从人格的角度来分析，金水木-3型人是宜人度较高的一类人，很讨人喜欢，他们不一定有歹毒的心肠，但原则性不强，又渴望出人头地，有时为了自保会做出一些有违道义的事情。

　　金水木-3型人的另一种极端状态是病态人格，比如焦虑症、抑郁症等，这是由过于敏感所致。金水木-3型人阴柔的行为表现是克制和隐忍的结果。他们看人脸色行事，将自己的情绪深深隐藏起来。如果缺少化解负面情绪的渠道，就容易产生心理问题。生活中我常看到这样的人，他们总是处于高度紧张的状态，战战兢兢，如履薄冰，对他人存在严重的防御心理。

4. 金水木-4型

生理特质：

大脑左半球	发展程度较高或部分较高	**大脑右半球**	发展程度较高或很高
敏感性	较高或很高	**灵活性**	较高或很高
稳定性	中等或较低	**唤起水平**	中等或较低

主要特点： 金水木-4型人与金水木-1型人的表现有些类似，他们灵活机变、富有谋略、追求成就、有冒险的欲望。他们与金水木-1型人不同的是感性胜过理性，占据主导地位，做事稍显低调，没有那样张扬。虽然他们很渴望表现，但为人相对谨慎，这主要是因为他们性格中柔胜过刚，很少强力意志，懂得迂回婉转，作风不像金水木-1型人那样强势。

他们的左脑发展程度不如金水木-1型人，理性程度不如金水木-1型人，思维的深度和广度都不如金水木-1型人，他们的成功更多依赖超高的情商。

金水木-4型人富有想象力，有些人有艺术天分。生活中的很多金水木-4型人头脑聪明，人际关系良好，有经商的眼光和头脑。

典型人物：清末红顶商人胡雪岩

胡雪岩出身寒微，依靠自己的勤勉机灵继承了东家的财产，获得了人生的第一桶金。此后便开启了"开挂"的人生。他并不满足于依靠辛苦经营赚些小钱，而是筹划如何能放大杠杆、一本万利。他借鉴了吕不韦的手段，投资人而非投资物，先资助王有龄，后攀附左宗棠，代理官办生意，大获其利，由此走上官商之路。胡雪岩经营人脉的能力超越常人，左宗棠发兵新疆，需要经费，致信胡雪岩，请他向上海滩的外国银行借款，解西征军燃眉之急。当时借外债很难，连恭亲王向洋人举债都被拒绝。但胡雪岩神通广大，朝廷办不成的事他办成了。他以江苏、浙江、广东海关的收入作担保，先后六次出面借外债1870万两白银，解决了西征军的经费问题。胡雪岩能借到钱，与他的个人信用密切相关，虽然他长袖善舞、灵活机变，却懂得诚信的重要性，这是一种基于良知的理性，正如查理·芒格所言："诚实是一种策略。"

胡雪岩辉煌一时，结局却很悲惨。清光绪八年（1882年），胡雪岩在上海开办蚕丝厂，企图垄断丝茧贸易，在与外商的博弈中，遭遇滑铁卢，导致巨额亏损，资金链断裂。墙倒众人推，他被革职、查抄家产，最后郁郁而终。红顶商人胡雪岩的败局是确定的，蚕丝贸易的失利只是导火索。与政治挂钩的生意最终会成为政治斗争的牺牲品，胡雪岩的失败实际上是李鸿章斗败了左宗棠。

胡雪岩虽然不得善终，但他一生创造的精彩与辉煌仍让人津津乐道。他本人也成为后世商界膜拜的人物。台湾文化学者曾仕强教授对他的评价比较中肯："胡雪岩是徽商的杰出代表人物，身上有着徽商讲求诚信、为人着想、精明强干等共性。胡雪岩之所以被商界奉为商圣，一方面是因为胡雪岩经商讲求诚信，另一方面也利用他的财富帮助左宗棠为国家做了很多的好事。"

我们观察现实中那些能把生意做得很大后来又一败涂地的企业家，多是偏感性的人，在创业的过程中，人的冒险精神、想象力、情商等更加重要，而守业则需要更多的理性。

法国作家巴尔扎克也是这样的人格，巴尔扎克一生都在为钱写作，他向往奢侈的生活，总是债台高筑，时常是作品还没有完成，预付的稿费已全部花光。他本想通过经商致富，却总是遭遇失败破产。经商需要想象力，但想象力太丰富又不能经商，人各有天命，并不高尚的巴尔扎克却创作出了不朽的文学作品。

金水木-4型人如果过于灵活、野心过大，又缺乏道德与良知，就会陷入贪婪无耻、不择手段的极端状态。清朝大贪官和珅就是这样的人格。

和珅是乾隆皇帝的宠臣，他是历史上最大的贪官，相传他的财产相当于当时朝廷十年财政收入的总和。因为他的贪婪行为，人们常把他想象为面目可憎、脑满肠肥的大恶人。但真实的和珅与人们的想象有很大的区别：他容貌俊雅，博闻强记，才华出众；他通晓汉、满、蒙、藏四种语言；他在书法、诗词、绘画方面的造诣也非常高。和珅最出众的是他过人的情商和杰出的驭人能力，他对官僚体系内的潜规则了如指掌，人情练达，深谙人性。和珅多次负责接待朝鲜、英国、安南、暹罗、缅甸、琉球等国的使臣，负责全权处理与朝鲜及英国的外交事务，态度和蔼可亲，处事合宜得体，受到外国使节的高度评价。

和珅在乾隆皇帝的眼皮底下猖狂受贿，朝堂上无人不知、无人不晓，按理早应该沸反盈天、获罪下狱了。但和珅却能安然无恙。究其原因，一则因为和珅很会做人，善于处理方方面面的关系；二则因为和珅是个很谨慎的人。和珅有三不贪：自己没有把握办成的事情，绝不贪；朝廷赈灾的钱财，绝不贪；科举取士领域的钱财，绝不贪。和珅这样做不是因为他心存善念、做事有原则，而是因为他精明狡诈。他深知，贪污了这三样钱，最容易东窗事发。

和珅能够一路平顺，最大的恩主当然是乾隆皇帝。和珅像乾隆皇帝肚子里的蛔虫，他对乾隆皇帝的了解超过了对自己的了解。善于揣度圣意，长于排忧解难。乾隆皇帝在不知不觉中已对他产生了心理依赖，他并非不知和珅的贪腐行为，而是不能忍受这样融洽的君臣关系的破裂。和珅的腐化堕落乾隆皇帝要负很大的责任，如果不是乾隆皇帝喜欢奇珍异宝，渴望搜刮财富，和珅就没有中饱私囊的机会。和珅的贪腐是乾隆皇帝过于纵容的结果。

金水木－4型人还有一种极端状态是因过度敏感、过度灵活而个人修养又较差所致。这样的人敏感多疑，他们自己漠视规则，把别人也想得很糟糕，这种投射心理给他们造成了风声鹤唳、草木皆兵的人生困局。他们表现出极强的防范心理和逆反心理，很难敞开心扉与他人交流，总用怀疑的眼光看待周围的人和事。他们争强好胜，嫉妒心强，但在公众面前却要维持良好的个人形象，笑容可掬，态度谦和，回到家后立刻就变了一副面孔，性格暴躁，吹毛求疵。我有一个朋友的老公就是这样的性格，她时常苦不堪言，无处诉说。因为在外人的眼里，她的老公和蔼可亲，而她的性格却有些急躁，大家不相信他们之间的争吵都是由她老公挑起的。这样性格的人还容易罹患抑郁症，在他们身上有感性和理性的矛盾，还有低唤起和高要求的冲突；又有欲求无法满足的烦恼，很容易陷入绝望的情绪当中。

金土木型人

金土木型人根据唤起水平的不同，可分为金土木–1型与金土木–2型。

1. 金土木–1型

生理特质：

大脑左半球	发展程度较高或部分较高	**大脑右半球**	发展程度中等或较高
敏感性	较高或很高	**灵活性**	中等或较低
稳定性	中等	**唤起水平**	较低

> **主要特点：**金土木–1型人与金土型人有很多相似之处，理性程度高，头脑聪明，为人厚道，诚实守诺。他们与金土型人不同的是，右脑更加发达，感性程度高，想象力丰富，富有创意。他们的敏感性高于金土型人，对人存有一定的戒备之心，不如金土型人胸怀宽阔，对他人的包容性略逊于金土型人。
>
> 土特质与木特质在一起会形成一种束缚人的力量，敏感的人需要灵

活的特质与之匹配才能化解感受性过高所带来的信息处理难度。灵活性较低的金土木-1型人倾向于尽量回避过多的信息困扰，因此，他们的魄力和决断力不如金土型人，为人比较低调。

典型人物：苹果公司的创始人之一史蒂夫·沃兹尼亚克

《史蒂夫·乔布斯传》中记载："在乔布斯眼里，史蒂夫·沃兹尼亚克幼稚而且不成熟。"一个沉醉于发明创造的人，不谙世事，所以显得单纯幼稚。书中对沃兹尼亚克的描述是内敛不擅长社交，但为人忠厚，是勤奋苦干型的技术男。他与人为善，喜欢和睦的氛围，希望公司就像家一样融洽。虽然乔布斯对其他人非常严苛，但对他却非常友善。原因就在于他是一个宽厚而善良的人。像乔布斯那样缺乏安全感的人，唯有在沃兹尼亚克这样简单而诚实的人那里才能找到心灵的栖息之地，让自己变得平和，所以他对沃兹尼亚克是友善的，因为沃兹尼亚克不仅能忍受他的坏脾气，还是一个不会对他造成威胁的人。人与人之间的关系是双向的，人对与自己性格相和的人，常会表现出莫名的喜爱，见到他，心里就会毫无缘由地感到愉快。乔布斯在沃兹尼亚克那里不但能找到存在感，还能找到安全感，所以两人的合作关系才能维持。

苹果公司的另一位创始人韦恩现在常成为世人调侃的对象。当年他将10%的股份以800美元的价格转让，错失了几十亿美元的财富。宿命论的人一定会认为他是个运气衰到极点的人，实际上，人的命运与自己的性格有很大的相关性。韦恩是个严谨而谨慎的金型人，乔布斯的疯狂和冒险都让他感到害怕。韦恩年长他们20岁，又经历过一次失败的创业，变得有些保守。除此之外，还有一个更重要的原因就是他与乔布斯性格不合。乔布斯是一个性格跋扈、作风强势的人，而韦恩恰恰与他有很多相似之处，也是主导意愿很强、不肯向他人妥协的人。

韦恩是个极聪明的人，虽然他的想象力不如乔布斯，但技术上一点儿也不逊色于乔布斯。沃兹尼亚克在回忆录中写道，他和乔布斯见到韦恩都非常兴奋："哇，这个人真厉害，他似乎懂得所有我和乔布斯不懂的事情。"

聪明人不一定能成功，我曾见过一个个性很强势的聪明人，他曾是某著名上市公司的创始人之一，后来因为与另一位股东性格不合，矛盾重重，所以他在创业初期就退了出来，结果错过了人生发展的大好机会。与韦恩有相同境遇的人为数不少，他不是个案。无论在什么时代，有合作精神的人都更能抓住成功的机遇。

有一些偏感性的金土木-1型人有艺术天赋，在文娱领域有不错的发展。

在金土木-1型人身上有个奇怪的现象，他们的感性程度越高，反而越容易导致婚姻的不幸。原因在于他们容易被带有典型木特质与水特质的人吸引，而他们自身的土特质不但会给自己造成困扰，还会与配偶的性格形成矛盾。金土木-1型人有时比金土型人还要固执，过高的敏感性加剧了他们的逆反心理，他们会执着于自己的想法，虽然他们有善良和坚忍的品质，但却缺少风情，缺乏变通，这也许是他们婚姻不幸的主要原因。

金土木-1型人的极端表现是性格偏执又极容易上当受骗。这样的极端多发生在那些只有部分理性而敏感性又极高的人身上。固执和轻信，看似风马牛不相及的两个特性，却很好地统一在金土木-1型人身上，在他们身上呈现出越固执越轻信的倾向。

人之所以会上当受骗，不外乎以下几种原因：一是贪图利益，比如庞氏骗局，已经上演了近百年，依然能"屡试不爽"，就是因为人的贪婪之心从来不曾泯灭；二是没有防人之心，人们常以自己的想法猜度别人的思想，单纯的人因为没有害人之心，所以也不会提防他人的险恶，对于别人的话总是信以为真；三是缺乏理性和判断力，容易被暗示；四是过于相信自己的理性和判断力。

金土木-1型人的轻信就是被第二点和第四点所累。他们通常缺乏对伪善的识别能力，因为他们自己不善于伪装，容易将虚情假意当作深情厚谊，将花言巧语当作金玉良言。他们一旦相信了某个人，就很难逆转。这样的人左脑能力只有部分比较突出，缺少统观全局的能力，正是这种不完全的理性成为罪魁祸首。明白人对人和事都看得很清楚，不容易被别人忽悠；糊涂的人对自己的能力没有信心，喜欢参照别人的意见，容易被身边的明白人说服；半明白的人对人和事一知半解却以为自己掌握了真理，他们很容易被符合自己愿望的歪理邪说暗示，对自己的判断力又有不切实际的自信，不听劝告，固执己见，导致受骗上当。我经常看见媒体上报道某些老年人执着地购买保健品，导致倾家荡产、债台高筑，分析他们的人格，会发现他们很多是金土木型极端人格。

这种极端人格的典范是战国时期燕国的国君燕王哙。燕王哙在苏代等人的鼓吹和怂恿之下，居然打算将王位禅让给野心家子之，美其名曰"效仿古之圣人，禅位让贤"。燕王哙就是过度依赖道德情感的人，他想达到道德的制高点，享有圣人的美誉，这何尝不是一种贪婪？燕王哙的愚蠢举动导致国家内乱，外敌入侵，生灵涂炭，血流成河，整个国家差点灭亡，愚蠢有时比缺德更为可怕。

生活中还有一些金土木-1型人的极端表现为：固执自我，敏感暴躁，容易被激怒，人际关系不佳。他们思维较狭隘，喜欢钻牛角尖；不听劝告，一意孤行；没有坏心，却经常办坏事。

2. 金土木-2型

生理特质：

大脑左半球	发展程度较高或部分较高	**大脑右半球**	发展程度中等或较高
敏感性	较高	**灵活性**	中等或较低
稳定性	中等	**唤起水平**	较高

> **主要特点：** 金土木-2型人的唤起水平高于金土木-1型人，性格表现更接近金木型人，他们头脑聪明，性情温和；思维缜密，关注细节；喜静厌动，不喜交际。他们表面木讷，内心却有几份灵秀，看似温和，内心却有一份执着与坚强。他们与金木型人的区别是，情绪稳定性较高，对人的包容度高于金木型人，想象力与创造力不如金木型人，成就动机也不如金木型人强大。

典型人物：宋仁宗赵祯，《红楼梦》中的香菱

宋仁宗是宋朝的第四位皇帝。他在位期间，北宋经济繁荣，科学技术和文化也得到了很大的发展。《宋史》记载："《传》曰：'为人君，止于仁。'帝诚无愧焉。"史家将其统治时期概括为"仁宗盛治"。他善书法，尤擅飞白书。著有《御制集》一百卷，《全宋诗》录有其诗。

宋仁宗天性仁孝，对人宽厚和善，喜怒不形于色。有一次用餐，他正吃着，突然吃到了一粒沙子，牙齿一阵剧痛，他赶紧吐出来，还不忘对陪侍的宫女说："千万别声张我曾吃到沙子这件事，这可是死罪啊。"帝王能够对下人如此体恤者，亘古少有。

但宋仁宗却不是像唐高宗李治那样的软弱君王，他聪明睿智、知人善任，在他统治时期，涌现了范仲淹、欧阳修、余靖、王素、蔡襄等众多名臣。

身为皇帝，宋仁宗节俭自律，有一次，官员献上蛤蜊，仁宗打听到蛤蜊价格昂贵，便拒绝食用。在优裕的条件下长大，还能保持节俭美德实属难得。因为感性与仁厚，金土木－2型人行事不够果决，魄力有限。宋仁宗想锐意进取，支持范仲淹变法。但由于新政触犯了贵族官僚的利益，因而遭到他们的阻挠，便无法推行下去。庆历五年初，范仲淹、韩琦、富弼、欧阳修等人相继被排斥出朝廷，各项改革也被废止，庆历新政彻底失败。

生活中的金土木－2型人大部分表现得积极进取，乐于助人。他们中的部分人，行为方式表面看来比较灵活，实际上这是一种习得性灵活。因敏感度较高，所以他们很在意别人的看法，注重自我人设的建立；又因为本性敦厚、对人诚挚，在乎他人的感受，态度比较谦和，所以看起来比较灵动，实际上他们的本性中有固执的倾向，如果不是相交日深，就很难发现。

《红楼梦》中的香菱也是这种人格，只是她更偏感性。香菱几乎是苦命的代名词。在封建时代，一个身份低贱的女子，没有能力挣脱套在自己身上的枷锁，逆来顺受似乎是唯一的选择。但是卑贱从来不是安分守己的理由，同样卑贱的宝蟾却丧尽天良、坏事做尽。苦难是哺育高尚者的乳汁，也是腐蚀卑劣者的毒酒。

香菱历经苦难，却依然对生活怀有美好的遐想；受尽迫害却依旧心地单纯，毫无防人之心。她本性纯良，品性高洁，但是她的性格中也有软弱的一面，没有反抗意识。一个感性而厚道的人通常会采取这样的生存策略，她们害怕纷争，惧怕冲突，总想尽量维持一团和气。

香菱的灵秀隐藏在内里，需遇到欣赏她的人才能绽放出光彩。她曾拜黛玉为师，挑灯苦读诗书，做出的诗作获得众人的一致称赞。

香菱因长得美丽而被薛蟠看中，但这个混世魔王后来却并不喜欢她，原因就在于她有些死板而不解风情，与薛蟠的水特质有很大的冲突。生活中经常见到有香菱这样的女孩子会喜欢带水特质的男人，但结局都不好。她在心里很喜欢薛蟠，经常替他担心，为他伤心落泪，可惜多情总被无情恼，她遇到的是个不懂得珍惜她的男人。

生活中的金土木–2型人多勤奋敬业，他们有较高的责任感，但并无很强的功利之心，做事认真仔细，富有奉献精神。

金土木–2型人的极端状态是由于死板、敏感又缺乏情感能力所致。他们通常喜欢钻牛角尖，为人比较刻板，缺乏变通，没有情调。敏感还令他们时常曲解别人的意图，对人怀有过重的戒心。因为缺乏安全感，他们通常把利益看得很重，喜欢斤斤计较。虽然带了土特质，但对人却并不宽容。《红楼梦》中的邢夫人便是这样的人格。书中描写她"禀性愚犟，只知奉承贾赦，家中大小事务，俱由丈夫摆布；出入银钱，一经她手，便克扣异常，婪取财货；儿女奴仆，一人不靠，一言不听，故甚不得人心"。邢夫人算不上一个坏人，但是她不善于经营人际关系，不讨人喜欢，想做主又没人理睬她，在贾府落得个很尴尬的处境。

金土火型人

金土火型人因为右脑发展水平不同，可分为金土火–1型和金土火–2型。

1. 金土火–1型

生理特质：

大脑左半球	发展程度较高或很高	**大脑右半球**	发展程度较低
敏感性	中等或较高	**灵活性**	中等或较低
稳定性	较低	**唤起水平**	较高

> **主要特点：** 金土火-1型人兼有金火-1型人与土型人的人格特质，他们头脑聪明，抱负远大；有责任感，高度敬业；勇敢无畏，忠诚守义；爱面子，荣誉感强烈；性格暴躁，固执刚烈。与这两类人不同的是，金土火-1型人有严重的道德洁癖。

这一类人的道德制高点就是忠诚和孝顺。在不同的时代，人们的价值判断标准会有差异，比如，过去人们倡导做人要含而不露、沉默是金，现今社会追求个性自由，倡导自我表现。从古至今，唯有忠诚和孝顺是亘古未变的美德，而金土火-1型人恰是这一美德的最佳传承者。

当然，人世间的美德并不只有这些，有道德洁癖的金土火-1型人绝不是道德完人。他们强烈排斥那些与自己价值观不同的人，表现出极其狭隘和残酷的一面，这本身又变成一种道德瑕疵。他们是有人品但没有胸怀的一类人，他们的包容之心仅限于对自己喜欢的人或是弱势群体。

典型人物：关羽

关羽在老百姓的心目中已经被神化，他是人们心目中的忠义英雄、威武战神。温酒斩华雄，勇冠三军；拒绝诱惑，忠心追随刘皇叔，义薄云天；刮骨疗伤，谈笑弈棋，无所畏惧。被神化的关羽如果来到现实中，很多人可能会不喜欢他，因为他的缺点与优点一样突出和鲜明。

他骄傲自大、目中无人、刚愎自用、一意孤行。刘备攻克汉中后，自称汉中王，为奖赏战功卓著的部下，册封了五虎上将。当关羽接到命令，看到五虎上将中有黄忠之名时，很是气愤地说道："大丈夫当不与老兵同列。"傲慢之情溢于言表。

关羽对自己道德的标榜绝不亚于后世对他的敬仰。《三国志》中记载，孙权曾"遣使为子索羽女"，"羽骂辱其使，不许婚，权大怒"。不许婚尚能理解，道不同不相为谋，不是一家人不进一家人，但大骂就让人匪夷所思了，伸手不打笑脸人，怎能用傲慢无礼回应他人的美意。也许连他自己都没有意识到，他的真实动机是想标榜自己的忠义：凡与刘备有隙的，皆是他的敌人，不论他的地位有多高、权势有多大，即便像孙权这样的一国之君也不例外。看似志行高洁，实则不近人情，行为的动机并不像行为的表象那样高尚。

关羽最终为他傲慢、刚愎的性格付出了生命的代价。关羽丢失荆州是因为遭到曹操和孙权的联手攻击，不排除孙权是为了报关羽的拒亲辱骂之仇。关羽陷入困境，周围的同僚无人相救，皆因他平日目空一切、傲慢自大所致。除了刘备和张飞，没有人能入了他的法眼。忠义的极端却是狭隘，忠了一两人而背离了所有的人。

关羽之所以被后人当作神来供奉，是因为他的忠义达到了人伦之至，达到了前无古人后无来者的地步。凡达到极致的，便是一种极端。关羽的极端是被普世价值观所认同和推崇的，他是因极端而被颂扬的英雄人物。关羽去世得比较早，个性中的极端并未全部表现出来，如果他活到刘备去世以后，功过是非或许又要作另一番评说了。

历史上就有几位这样性格的人物，因为自己的极端表现而导致晚节不保，留下笑谈。

春秋时代，齐景公帐下有三员大将：公孙接、田开疆和古冶子。他们战功彪炳、资历深厚，但也因此恃功而骄，在朝堂之上专横跋扈、旁若无人，甚至连国君也不放在眼里，国家的政治笼罩在他们的阴影之下。晏子为避免他们对国家造成更大的危害，建议齐景公早日清除祸患。

于是，晏子设了一个局：让齐景公把三位勇士请来，赏赐他们三位两颗珍贵的桃子。桃少人多，晏子便提出一个分配方案——三人比功劳，功劳大的就可以取一颗桃。

三将中，公孙接抢先发言："想当年我曾在密林捕杀野猪，在山中搏杀猛虎，密林的树木和山间的风声都铭记着我的勇猛，这样的功劳还得不到一个桃子吗？"说完，他坦然上前取了一个桃子。

田开疆也不甘示弱，第二个发言："真的勇士，能够击溃来犯的强敌。我曾两次领兵作战，在纷飞的战火中击败敌军，捍卫齐国的尊严，守护齐国的人民，这样的功劳还不配享受一个桃子吗？"他自信地上前取过第二个桃子。

古冶子因为不好意思争先，客气了一下，不料一眨眼桃子就没了，他怒火中烧，愤愤地说："你们杀过虎、杀过人，够勇猛了。可是我当年守护国君渡黄河，途中河里突然冒出一只大鳖，一口咬住国君的马车，拖入河中，别人都吓蒙了，唯独我为了国君的安全，跃入水中，与这个庞大的鳖缠斗。为了追杀它，我游出九里之遥，一番激战要了它的命。最后我浮出水面，一手握着割下来的鳖头，一手拉着国君的坐骑，当时大船上的人都吓呆了，以为河神显圣，那其实是我，没人以为我会活着回来。像我这样，是勇敢不如你们，还是功劳不如你们呢？"

前两人听后，不由得满脸羞愧："论勇猛，古冶子在水中搏杀半日之久，我们赶不上；论功劳，古冶子护卫国君的安全，我们也不如。可是我们却把桃子先抢夺下来，让真正有大功的人一无所有，这是品行的问题啊，暴露了我们的贪婪、无耻。"两个自视甚高的人物，把自己的荣誉看得比生命还重要，此时自觉做了无耻之事，羞愧难当，于是立刻拔出宝剑自刎而亡。古冶子看到地上的两具尸体，大惊之余，也开始痛悔："我们本是朋友，可是为了一个桃子，他们死了，而我还活着，这是无仁；我用话语来吹捧自己、羞辱朋友，这是无义；觉得自己做了错事，感到悔恨，却又不敢去死，这是无勇。我这样一个'三无'的人，还有脸面成为齐国的大将吗？"于是他也自刎而死。

就这样，只靠两颗桃子，晏子帮助齐景公兵不血刃地除掉三个威胁。在这个故事中，晏子的计谋之所以能够实现，是因为他深刻了解他们的性格。这三个人都是性格刚烈、极要面子的人。他们在外面横行霸道，但在内部小团体中却非常团结，而且讲义气。正因为他们的抱团骄纵，才给国家政权的稳定造成了威胁。晏子用两颗桃子引诱他们，三人在情急之下，情绪迅速被唤起，他们先是因为各自的虚荣心争相表功，忘记了兄弟之谊。待稍微冷静下来后，马上发现自己在道德上的巨大瑕疵，他们是有严重道德洁癖的人，如何能容忍自己做下如此违反道德的事情，于是在激愤之下，纷纷选择自杀。

晏子的计划得以实现，是利用了他们性格的弱点。不得不说，晏子深谙人性、智谋过人。这三个人并不是权欲熏心、道德败坏的人，从他们的描述中可以看出，他们都是勇敢忠义的人，但为什么会让君主和晏子这样的贤臣动了诛杀之心呢？原因就是他们这样极端的人格表现为官僚体系所不容，他会破坏系统的秩序、瓦解系统的规则，危害无穷。

2. 金土火–2型

生理特质：

大脑左半球	发展程度较高或很高	**大脑右半球**	发展程度中等或较高
敏感性	中等或较高	**灵活性**	中等
稳定性	中等或较低	**唤起水平**	较高

主要特点：金土火-2型人与金土火-1型人有很多共同之处，他们志向远大、勇武刚烈、性情暴躁、固执己见。与金土火-1型人不同的是，金土火-2型人右脑的发展程度较高，更有想象力，野心更大，情感也更加丰富。他们的灵活性也比金土火-1型人稍高，诚信度不如金土火-1型人。他们比金土火-1型人更加虚荣，甚至有点儿好大喜功。

典型人物：西楚霸王项羽

项羽小时候胸怀大志，喜欢研读兵书，希望学到万人敌的本事。在风起云涌的反秦浪潮中，项羽随他的叔父项梁起义。走上战场的项羽，很快显示了他卓越的军事天赋，斩杀宋义，破釜沉舟，以摧枯拉朽之势很快打败了秦军的主力，秦将章邯被逼无奈，投降了项羽。项羽为人诟病的是，他坑杀了投降的20万秦兵，后又火烧阿房宫，显示了他残暴、鲁莽的一面。

带有火特质的人容易被情绪控制，一怒之下做出不理智的事情。他火烧阿房宫，也许是为了宣泄自己对秦朝的仇恨，因为项家的几代人都被秦军杀害，并没有考虑那是凝聚了劳动人民血汗和智慧的文化遗产。

情绪化的性格对于帝王而言就是巨大的人格缺陷。在鸿门宴中，他不听范增的建议，没有杀掉刘邦。一方面因为他是个讲义气、爱面子的人，认为刘邦是自己的兄弟，害怕背上不义的罪名，不忍下手。另一个更重要的原因则是，刘邦主动服软，说了些恭维的话，满足了他的虚荣心，降低了刘邦的威胁指数，他便放下了对刘邦的戒备。但项羽绝不是个有胸怀的人，带有火特质的人唤起水平高，对风险敏感，疑心病重，他坑杀20万秦兵与这一特质密切相关。刘邦使了个小小的反间计就让他失去了对范增的信任，打发范增回老家去养老。他识人不明、用人不察，并非因为他没有理性，而是他的理性时常被高度唤起的情绪所干扰，不能发挥作用，这是他败给刘邦的最主要的原因。

韩信对项羽有这样的评价："项王喑恶叱咤，千人皆废，然不能任属贤将，此特匹夫之勇耳。项王见人恭敬慈爱，言语呕呕，人有疾病，涕泣分食饮，至使人有功当封爵者，印刓敝，忍不能予，此所谓妇人之仁也。"意思是说，项羽作战勇猛，但不善用将，所以是匹夫之勇；项羽对下属关爱有加，但不能给予公正的奖赏，所以是妇人之仁。一言以蔽之，项羽是个有仁爱之心但不慷慨的人。但是这样的仁爱之心也只限于他的情绪没有被唤起之时。

项羽有一句名言流传至今："富贵不还乡，如锦衣夜行。"说明他是一个极端好名的人，有很强的虚荣心。他对刘邦的姑息也是被自己的这个弱点所害，他想在人前树立一个宽仁大度的霸王形象。

几千年来，人们一直疑惑不解，项羽为什么要选择乌江自刎，而不是重回江东，收拾旧部，谋求东山再起？了解了他的性格就会明白他的心态：一个如此爱惜自己名誉、如此要脸面的人，遭遇了这样的惨败，怎么还有勇气去见江东父老？性格太过刚烈的人往往韧性不足，项羽的性格弱点导致了他悲剧的命运。

金土火-2型人的极端人格与金土火-1型人的极端人格很类似，骄傲自大，专横跋扈。他们假道德之名，行不义之事，对自我的认知出现了严重的偏差。

清朝的权臣鳌拜就是这样的性格。康熙皇帝智擒鳌拜的故事被各种文学作品演绎，深入人心。在作品中，鳌拜被描写成一个贪赃枉法、玩弄权术、目无君主、狂暴骄横的人。但如果我们翻开真实的历史，却会看到另外一番真相。鳌拜曾号称满洲第一勇士，驰骋沙场，立功无数。他对皇太极极其忠诚，为保皇太极的子孙继承大统，不惧与多尔衮反目，导致自己受到排挤打击。正是因为他的忠勇，才被顺治皇帝指定为顾命大臣。

后来他变得狂傲自大，目中无人、一手遮天、排除异己，是被自己虚幻的道德感所驱使。他认为自己一心为公，代表的是正义和正确，反对他的人则代表了邪恶与错误，必欲除之而后快。他大包大揽、独断专行，还当自己是呕心沥血、尽忠尽责。就像很多家长控制孩子、替他做主，还认为自己是爱护孩子，怕他犯错误走弯路。人有时候很难看清自己，认为动机正确就可以为所欲为。

鳌拜被抓后，曾撕开上衣，裸露自己满身的伤疤，痛斥康熙皇帝忘恩负义。他认为自己为大清江山出生入死、赤胆忠心，应该是功臣而非罪人。鳌拜被关在狱中，怎么也想不明白自己到底错在哪里，最后忧愤而死。康熙皇帝到了晚年，追忆鳌拜的功绩，心中有愧，对他的后人都给予了封赏。到了雍正时期，更是对鳌拜进行了全面的平反。一个奸臣、弄臣不会引人感恩和追思，鳌拜是一代忠臣，是极端的性格害了他。

生活中我们也经常见到这一类人，在他们身上充满了勇气和担当，遇事喜欢出头，为人也很仗义，但这仅限于对朋友，如果他认定你不是同道中人，便会给予冬天般残酷的打击，在他们身上有宽容与狭隘、自私与无私、热忱与冷酷的对立性，对不同的对象，他们展现的是不同的面目。

金水火型人

生理特质：			
大脑左半球	发展程度较高或很高	大脑右半球	发展程度中等或较低
敏感性	中等或较高	灵活性	较高或很高
稳定性	较低或很低	唤起水平	较高或很高

> **主要特点：** 金水火型人与金水型人有很多的共性，他们头脑聪明，志向远大；思维灵活，富有谋略；勇敢果决，敢于冒险。不同的是，金水火型人比金水型人有更强的控制欲望，性格暴躁，喜怒无常，刚愎强势。

因为唤起水平较高，他们有很深的忧患意识，虽然外表豪迈，但骨子里却有一份不安全感，渴望将一切都掌控在自己的手中，他们是焦虑的冒险者。一般情况下，焦虑水平高的人不喜欢冒险，但是金水火型人则会被自己的深层焦虑逼迫去冒险，因为水特质的唤起水平与火特质的唤起水平交替在他们身上出现，他们有时可能意识不到自己的焦虑。

金水火型人是独断专行的一类人，他们脾气暴躁，为人强势，刻薄寡恩，缺乏同理心。他们对自己的才能充满信心，对自己的胆识颇为欣赏，对自己的谋略胜券在握，人的信心都是在不断的良性反馈中建立起来的，他们认为自己有资本对所有人说不，就像老虎从来不会采纳猫的建议，尽管它们的脸长得有些相像。金水火型人依赖一种控制感来支撑自己的人格，他们要控制一切，因此绝不肯轻易认同别人。

典型人物：秦始皇

秦始皇是杰出的政治家、战略家、改革家，是首次完成中国大一统的政治人物，他认为自己"德兼三皇，功过五帝"，遂采用三皇之"皇"、五帝之"帝"构成"皇帝"的称号，是中国历史上第一个使用"皇帝"称号的君主，所以自称"始皇帝"。

秦始皇在人生的早期胸怀大志，英武果断，勤于政务，事事躬亲。他任用贤能，富国强兵，扫平六国，建立了强大的中央集权王朝。秦始皇实行郡县制，统一文字和度量衡，典章制度为后世垂范，当得起千古一帝。但秦始皇后期的所作所为却多为人诟病。他大兴土木，劳民伤财，求仙问道，渴望长生，表现出昏昧的一面。现实生活中的金水火型人也会表现出这样的倾向，带有火特质的人，内心有更多的恐惧，尤其是步入暮年以后，离死亡越近，就愈是惧怕死亡。

秦始皇用暴力征服了世界，依然采用暴力统治国家，人一贯的思维和行为方式很难改变，秦朝的暴政与秦始皇的性格密切相关。他的内心世界险象环生、危机重重，满眼看到的都是人性之恶，若不采用严苛高压的管制便无法安眠。他本有个好儿子扶苏，可是多疑猜忌、缺少仁慈的秦始皇，连自己的儿子也不能信任与包容。因为政见不同，秦始皇就将扶苏贬到边关，为后来的传国危机埋下了伏笔。能抚平躁狂与恐惧的是逢迎与吹捧，奸臣赵高就获得了施展才能的机会，走到了历史的前台。如果不是赵高矫诏赐死扶苏、拥立胡亥，秦朝也许不会二世而亡。秦朝灭亡的祸根是秦王的性格，推手则是弄臣赵高。每一个衰败的朝代都在上演这样的戏码。

金水火型人的极端人格是像商纣王那样的昏君、暴君。他与秦始皇没有本质的不同，但有程度的不同，他的行为出现了反人类倾向，又遇到了周武王那样的对手，最后导致商朝覆灭。商纣王虽然荒淫无道，能力却非同一般，正是他不断地开疆拓土、穷兵黩武，才招致了人民的强烈反抗。凡好大喜功的帝王，都不是平庸之辈，他们有强烈的控制欲和征服欲，他们之所以喜欢战争，是因为战争不仅能扩张版图，还能给人带来征服的快感，在战场上屠杀毫无反抗能力的俘虏，犹如蚊子吸血般畅快。对于一个控制欲望强烈的人，经常需要这样的快感支撑自己的人格。正如雨果所言，纵横四野，称霸天下，要以多少生灵的毁灭为代价，消失的能量总会以另一种形式表达出来，无数冤魂的哭泣，最终会变成毁灭他们的一种力量。

古今中外的很多暴君都是这样的人格。因为胆大包天、不择手段，他们在乱世中很容易获得机会、飞黄腾达。乌干达前总统阿明是个最典型的例子。

阿明被称为"非洲第一魔王"。1971年1月25日，阿明趁奥贝得总统出国访问之机，发动军事政变，自封为总统。为了对付前总统奥贝得的支持者，阿明使用了极为恐怖的手段，对"危险的"军官们判处极刑。前军队总参谋长苏莱曼·胡塞尼准将被杀后，头颅被运回了坎帕拉的豪华宫殿里，阿明把它放在一个冷冻室里，时常从中取出欣赏一番，与死去的敌人"对一对话"。很多残忍的人恰是内心有太多恐惧的人，只有看到威胁自己的人被残害、被消灭，他们的内心才能获得一份安全感。

十六国时期后赵的第三位皇帝石虎和明朝末年农民起义领袖张献忠都是金水火型极端人格，他们都有共同点：残暴贪婪，荒淫好色，视他人的生命为草芥。极端的金水火型人是上帝派来开启"潘多拉魔盒"的人。

金水土型人

因为生理机制的局部差异，金水土型人可分为金水土-1型和金水土-2型。

1. 金水土-1型

生理特质：			
大脑左半球	发展程度较高或很高	**大脑右半球**	发展程度中等
敏感性	中等	**灵活性**	较高
稳定性	较高或很高	**唤起水平**	中等或较低

主要特点： 金水土-1型人有金土型人的很多特质，他们头脑聪明，理性程度高；志向远大，富有智谋；宽以待人，心胸宏阔；为人诚信，待人真诚；虽然能力优越，但却能含而不露，为人低调。

在他们身上还有水型人的一些特质：处事灵活，善于变通，人际关系良好。与水型人不同的是，他们守原则、有操守，圆融但不圆滑。这是因为他们中枢神经系统的灵活性并不很高，而周围神经系统的灵活性却很高。他们没有纷繁复杂的欲望，却有很强的意志力和执行力，做事得心应手、游刃有余。

典型人物：汉光武帝刘秀

刘秀年少时勤于农耕，是个朴实稳重的好孩子，而其兄却好侠养士，有鸿鹄之志，经常取笑刘秀安分守己、胸无大志，像刘邦的兄弟刘喜。

有人把志向写在脸上，有人却把志向放在心里。刘秀还是一个普通百姓时，与姐夫邓晨到别人家去做客，当时有谶言："刘秀当为天子。"有些人说：谶书所说的刘秀肯定是国师公刘秀（当时新朝的国师公刘歆恰巧刚刚改名为刘秀）。可在场的刘秀却说："怎么就知道这谶书中所说的要当天子的刘秀不是指的我呢？"结果引起了众人的哄笑。刘秀曾经去长安求学，在街上看到执金吾走过，场面甚是壮观，大为感叹，于是发下誓言："仕宦当作执金吾，娶妻当得阴丽华。"在旁人看来，刘秀也许是痴人说梦，但刘秀凭借自己的聪明才智和坚韧不拔的毅力，最后"超额"实现了自己的理想。

刘秀的成功离不开他卓越的军事才能，但比才能更重要的是他宏阔而坦荡的胸怀。他的麾下名将云集、能人辈出。没有人心的归附，不可能在乱世中一统天下。当时群雄逐鹿，各显神通，经过一番争战、兼并，公孙述与刘秀先后称帝，在全国各地还有一些割据势力的存在，他们的实力不足以与二者抗衡，又不知道投靠谁更有出路，态度摇摆不定。隗嚣就是割据陇右的一股势力，他招纳了马援为将，并希望利用马援与公孙述的友谊，拉近双方的关系，寻找靠山。

见到老朋友马援后，公孙述却拿出天子的架势，摆弄皇宫的一套礼仪，并煞有介事地要对马援封侯并授予大将军的职位。马援对此未有丝毫的留恋，立即辞归向隗嚣复命，称公孙述为井底之蛙，不如"专意"于刘秀，隗嚣予以采纳。马援在建武四年冬以隗嚣之遣来到洛阳，刘秀仪容甚简地将马援迎入后，半开玩笑地笑曰："卿遨游二帝间，今见卿，使人大惭。"援顿首辞谢，因曰："当今之世，非独君择臣也，臣亦择君矣。"这是历史上非常著名的一段君臣对话，"臣择君"的典故也被后世引为美谈。这与当今的职场状况有些类似，不仅是老板选择员工，员工也在挑选老板。

马援被刘秀吸引，一方面因为刘秀朴实、豁达的行事风格，另一方面则因为马援是金土型人格，与刘秀性情相投，不由自主就被刘秀吸引。人格的相吸和相斥在人际关系中起着至关重要的作用，我们以为自己欣赏和喜欢的人都是好人，但实际上，他只是与你自己更接近。如果隗嚣派遣一个水型人去考察公孙述和刘秀，他一定会更喜欢公孙述。刘秀的这种品格，吸引的都是像马援一样的忠勇之士，人品好，战斗力强，为统一天下奠定了良好的人才基础。

在开国君主中，刘秀算是很仁厚的一位皇帝。统一天下后，他没有像很多君主那样卸磨杀驴、诛杀功臣。对不再合用的人，他只是收回了他们的权力，却给他们优厚的赏赐，让他们能够安享晚年的生活。

刘秀与刘备在性格上有很多相似之处，都是胸怀宏阔之人。不同的是，刘秀不像刘备那样固执，他的处事方式比刘备灵活。刘秀在得知自己的兄长被冤杀后，选择的是隐忍，人前表现得豁然大度，人后却涕泪沾巾，为的是顾全大局，做长远打算。刘备在听说关羽被杀后，义愤难平，马上兴师报仇，招致夷陵之战的惨败。能忍耐巨大的委屈和羞辱，不仅需要非凡的理性，还需要一定的灵活度，能够说服自己，才能化解一时的暴戾之气。

金水土−1型人的极端状态，可以从刘秀晚年的性格中找到端倪。一个太宽厚的人，会失去血性和刚性。刘秀在晚年的时候，国家已显出一些颓势。边境不安宁，国家执行的是保守退让的军事策略，国土面积越来越小；在内政上也过于放纵，导致腐败之风盛行。

极端的金水土−1型人还会失去明辨能力，被愚弄和蒙蔽。刘秀对待马援的态度，充分说明了这一点。马援南征遇到地形不利以及酷暑，耿弇上书攻击马援，刘秀使梁松乘驿责问马援。马援在南征中已病死，梁松因宿怨陷害马援，刘秀听一面之词，勃然大怒，追缴了马援的印绶。有人诬陷马援征战中曾经带回一车珍宝，刘秀信以为真，更加愤怒。马援的家人非常恐惧，不敢以丧还旧茔，而是买城西的地槁葬，宾客故人不敢吊唁。

对一个忠心追随他的将军，他没有深刻的了解，反而听信谗言，表现出可怕的刻薄和残忍。也许是爱之深、恨之切，在他的心目中，马援应该是个战神和道德楷模，他认为马援辜负了自己的信任，所以才有雷霆之怒，表现出人性中阴暗的一面。人性是相对的，刻薄的人有宽容的一面，宽容的人也有刻薄的一面，这是矛盾的对立统一规律在人性中的体现。

2. 金水土-2型

生理特质：

大脑左半球	发展程度较高或很高	**大脑右半球**	发展程度中等或较低
敏感性	中等或较低	**灵活性**	较高
稳定性	较高或很高	**唤起水平**	中等或较低

主要特点：金水土-2型人表面看与金水土-1型人有些相像，但他们之间却有很大的区别。金水土-2型人的中枢神经系统灵活性很高，但是周围神经系统却不灵活，他们有许多类似水型人的特质，而金水土-1型人则有更多土型人的特质。

金水土-2型人看似忠厚老实，实则机巧圆滑，心机颇多；但他们也有宽厚仁爱的一面，为人还算仗义。他们想法多、欲望大，可是反应模式却不灵活，行为举止显得有些笨拙，与水土-2型人有些类似的表现，但他们比水土-2型人聪明，行动力强于水土-2型人，在自己擅长的领域也能有所作为。

典型人物：范绍增

范绍增是抗战时期川军的一个师长，有一部电视剧《傻儿师长》就是以他为原型创作的。范绍增之所以被称为"傻儿师长"，是因为他天生一副憨相，显得忠厚老实，但他后来的经历证明，他不但不憨，还相当有智谋，为人也比较精明，他善于构建人际关系，在夹缝中求生存，总是能占据先机，所以有人说他是福将。他曾率部击毙日军第十五师团长酒井中将。酒井师团长被炸身亡，在日军中引起很大的震动，因为在日本陆军历史上，在职师团长阵亡，自陆军创建以来还是第一个。范绍增的好运气遭到了某些人的妒忌，虽然他在前线打了胜仗，却被蒋介石调任为没有实权的第十集团军副总司令。他一气之下回了重庆。范绍增之所以给人留下福将的印象，实则是因为别人觉得他没什么真本事，就像唐朝的开国功臣程咬金，大家都知道他只有三板斧的本事，却总能屡建奇功、加官晋爵。福将的潜台词就是没能力。其实人们忽略了一点，一个人的好运气也不是凭空而来的，性格中的豁达、慷慨、仗义才是好运气的来源。

范绍增最为人诟病的是他对女色的喜好，谣传他有40多房姨太太，这个数字有些夸张，实际数量可能没有那么多，但它从侧面反映了一个现实——他对女人的兴趣确实比较浓厚，这一点与许多水型人颇为类似。他的成长历程就是金水土-2型人典型的发展历程：他们有时被金特质左右，理性睿智，奋发上进；有时被水特质左右，骄傲自满，欲望膨胀；有时又被土特质左右，消极保守，却也宽厚仗义。

金水土-1型人之所以没有这样的困扰，是因为他们的土特质胜过水特质，没有很强的物质欲望，却有充裕的应对能力，就像一个能力举千斤的人挑着几十斤的担子，自然感到轻松自在。人在精神放松的状态下才可能将自己的聪明才智充分发挥出来。有人可能会有疑问，像刘秀那样的人，都做了皇帝，怎么能说他没有欲望呢？

其实，欲望和抱负有一定的区别。欲望是人对物质的追求，对原始本能的放纵，是对外物的一种控制企图，具有明显的利己倾向。而抱负则偏重于精神的追求，希望有所作为，造福人群，获得人格的升华，古人所倡导的"立功""立德""立言"三不朽，便是一种人生的抱负。抱负有明显的利他倾向。抱负远大的人，心智澄明，品德高尚；而欲望强大的人往往不择手段，品行低劣。令人遗憾的是，抱负和欲望有时并无很明显的界线。物欲横流的人也会打着理想和抱负的旗号，唱高调，作姿态，迷惑大众。有些人起先也满怀理想和抱负，最后却被生活的浊流淹没，在眼花缭乱的物质世界里腐蚀变性。生活中有太多这样的例子，很多曾经豪情万丈的英雄人物，最后都演变成骄奢淫逸的欲望奴隶。也有一部分人，最初只是为了满足自己最简单的生存需求去努力，在理性与良知的引领下，最后却实现了崇高的理想与抱负。

金水土-2型人的极端状态通常表现在这类人的中晚年。金水土-2型人头脑比较聪明，在学校成绩都不错，做事也能踏实，对人还算诚恳，但到了中年后，他们的身上表现出可怕的"油腻"：身材严重变形，蓬头垢面，不修边幅；受了社会不良风气的影响，他们变得虚浮、势利。但这样的人大多不太成功，因行动力有限，他们的很多想法都不能兑现，就人品而言，他们不会大奸大恶，却很庸俗可恶。

水土木型人

因为生理机制的局部差异，水土木型人可分为水土木-1型和水土木-2型。

1. 水土木-1型

生理特质：			
大脑左半球	发展程度中等	**大脑右半球**	发展程度较高
敏感性	较高	**灵活性**	较高
稳定性	中等或较高	**唤起水平**	中等

> **主要特点：**水土木-1型人与水土-1型人有很多相似之处，他们性格和顺，为人仁厚；处事灵活，善于变通；心地善良，富有同情心。与水土-1型人不同的是，水土木-1型人的性格以感性为主，心思细腻，关注细节。因为敏感，他们很在意他人对自己的看法，表现得比水土-1型人自律。

水土木-1型人做事尽心尽力，为人真诚，如果你身边有这样一个人，他一定是这样一副形象：总是笑脸迎人，仿佛从来不会拒绝别人。他们有很重的亲和动机，害怕面对矛盾和争吵，在人际交往中尽量维持一团和气。

他们对自己有一定的要求，希望将事情做好，但本身又缺乏一些魄力，统筹兼顾能力不足、决断力较弱，这会给他们带来一定的困扰。

他们看似灵活，但绝无偷奸耍滑的嫌疑，也不善于说假话、做表面工作，是灵活、诚实而细心的人。对于性格强势的人，他们是比较好的配偶和工作伙伴。

典型人物：《人世间》中的母亲李素华

梁晓声的小说《人世间》被拍成电视剧后，在全国掀起了收视热潮。剧中的母亲李素华虽是配角，却受到观众的普遍喜爱，她把中国母亲的善良、宽容、坚忍、贤惠演绎得淋漓尽致。

李素华共有三个孩子，大儿子和二女儿先后下了乡，丈夫常年在外工作，只留下小儿子周秉昆在家与她相依为命。

母亲把对远方儿子的思念寄托在一封封家书里，把对女儿的思念编织在一针一线的毛衣里，对留在身边的看似不争气的小儿子，也疼爱有加，不吝夸奖与鼓励。

李素华待人和气，邻里关系和睦，对于性格暴躁的丈夫，她也总能想办法平息他的怒火。小儿子娶媳妇后，与母亲同住，婆媳关系最难相处，但李素华的宽仁与善解人意，却让儿媳郑娟感动不已。每遇夫妻俩有矛盾，她总是坚定地站在儿媳一边，这是聪明婆婆的为人之道，因为儿子与自己有血缘关系，责骂几句也不会记仇，而与媳妇相处却要遵循一般人际关系的法则，很多婆婆明白这个道理，却没有仁厚的品格，事到临头总不免偏袒儿子，结果引起更大的矛盾。

水土木-1型人毫无侵略性，让人感觉温暖和亲切，他们有很强的承载能力，能给人带来安全感。

水土木-1型人的极端状态是由于理性能力不足、意志力过弱而敏感性又过高所致。以前我的公司里就有一位这样的员工。他做事慢吞吞，没有很强的上进心，只能勉强完成领导布置的任务，遇到稍有挑战性的工作，他就打退堂鼓，尤其害怕与人打交道。我本以为他会是婚恋困难户，没想到有一次带他到客户处办事，他就被一个女孩喜欢上了。他虽然胆小，却并不木讷，笑容温暖，很会关心和照顾别人。但是作为男性，这样的性格在社会上的确会缺少一些竞争力。

2. 水土木-2型

生理特质：			
大脑左半球	发展程度中等	**大脑右半球**	发展程度较高
敏感性	较高	**灵活性**	较高
稳定性	中等或较低	**唤起水平**	中等或较低

主要特点： 水土木-2型人与水土-2型人有很多相似之处，同样是行动力制约了想象力的状态。他们表面显得有些老实，内心却极为灵动，欲望较大，追求享乐。与水土-2型人不同的是，水土木-2型人感性敏感，想象力丰富；心思细腻，关注细节。他们比水土-2型人情感丰富，对人真诚。

水土木-2型人对自己有一定的要求，但是意志品质较弱，执行力和决断力都受到影响。女性往往依赖性较重，男性则缺乏持续进取的动力，喜欢过安逸而没有压力的生活。因为右脑比较发达，所以他们中的一部分人有艺术天分。

典型人物：电视剧《大明宫词》中的武攸嗣

电视剧《大明宫词》中的武攸嗣是太平公主的第二任丈夫，太平因不满母亲武则天对自己婚姻的控制，故意选择了老实无能的武攸嗣为夫。她一点儿也不爱武攸嗣，尽管武攸嗣百般讨好，但太平却态度冷漠。落寞中的武攸嗣开始热衷于跟江湖术士炼丹制药，经过不懈的努力，终于练成一剂补药。起初他是为了取悦太平，没承想却意外在注重养生的武则天那里得到认可，并因此被封为内侍总管。武攸嗣一时得意，竟觉得自己有可能成为下一任的太子人选。

武攸嗣在一次酒后终于犯下大错，他趁着醉意向丫鬟常春倾诉自己对太平的不满，并承诺如果自己当了皇帝一定废了太平，立常春为后，常春信以为真，拿来纸笔叫武攸嗣写下了诏书。二人不堪的一幕正好被回来的太平撞见，酒醒后的武攸嗣无颜面对太平，一番真情表白后自杀身亡。

武攸嗣虽是虚构的人物，却很真实，与水土木-2型人的表现有高度的一致性。他们看起来有些笨拙，但内里却很灵动，有时还萌发出不小的野心。因为感性程度较高，他们有一定的想象力与表现力。但因为执行力不够，时常会受到困扰。情感能力较强的水土木-2型人对人真诚，人缘较好。

因为唤起水平较低，水土木-2型人特别容易发胖。我认识一个这样的人，他已经胖到影响健康的地步，于是决定减肥。我见他每天中午都不吃饭，只补充一点菜汁，晚上又去健身房锻炼，可是几个月下来却一点变化也没有。一天，我见他发了一个朋友圈，是满桌子的大鱼大肉，原来他太喜欢美食，总克制不住放纵一下，结果减肥前功尽弃，这让他感受到了深深的挫败感。在工作中他也陷入了同样的怪圈，一时努力上进，一时又懒散懈怠。他有较高的成就动机，却总是力不从心，他自己也不明就里，只是感到纠结难受，有时甚至焦虑得睡不着。他们面对的实际上是高成就动机与低意志力水平的矛盾。

水土木-2型人的极端状态与水土木-1型人的外在表现有些类似，不同的是，他们贪图享受，花钱大手大脚。但是做起事来就消极懈怠。因为敏感，他们还特别在意别人的评价，抗压能力极弱，如果受到批评，他们就干脆躲在家里不去工作了。

土木火型人

生理特质：			
大脑左半球	发展程度中等	**大脑右半球**	发展程度中等或较高
敏感性	较高或很高	**灵活性**	中等或较低
稳定性	中等或较低	**唤起水平**	中等或较高

主要特点：土木火型人理性程度不高，性格直率，行事较冲动，耐心不足。他们中的一部分人喜欢表达，表面上看似灵活，实际上这是由敏感性带来的虚饰，他们的性格中有固执倾向，融通性较弱，不能很好地处理人际关系。

因为情绪中枢太发达，他们常控制不住自己的情绪，盛怒之下会表现得非常暴躁，但在平和的状况下，又显得温和、热情、乐于助人。因为右脑比较发达，他们有非常感性的一面，心地不坏，有同情心。他们中的不少人有一些文艺爱好。土木火型人很爱面子，女性多喜欢穿着打扮。

典型人物：电视剧《情满四合院》中的秦淮茹

秦淮茹的丈夫出意外早亡，她自己带着三个孩子，还要奉养婆婆，生活的艰辛可想而知。作为一个普通的女工，她只能在夹缝里求生存，想尽办法为家人争取更好的生活条件，因为长得漂亮，受到不少无耻男人的骚扰。她不是个善于卖弄风情的女人，内心苦恼，却也不敢太得罪他们，此时，既是同事又是邻居的"傻柱"给予了她很多帮助，后来他们组建了家庭。

秦淮茹勤劳、节俭、热情、直爽，有非常善良的一面。她还敢爱敢恨，有几分泼辣，为了给自己争取幸福，与婆婆几番过招，终于达成目的。因为缺乏安全感，秦淮茹还很精于算计，她嫁给"傻柱"，起初更多是出于利益的考虑。后来"傻柱"的旧情人娄晓娥回来了，秦淮茹感到了巨大的危机感，人也变得喜怒无常。她内心固执，疑心病重，容易吃醋，喜欢小题大做，与"傻柱"之间产生了不少误会。

我在生活中遇到不少这样性格的女人，她们多数婚姻不幸福，有的人遇人不淑，有的人则是性格的原因。具备多种特质的人，人格具有多面性，土木火型人有木型人的善良、土型人的倔强刻板、火型人的虚荣和火暴。在不同的生存状态下，他们表现出不同的一面。如果只是做朋友，会觉得他们为人不错，但如果相处日久，会让人感觉有些别扭。我家里曾请过一个保姆，就是这样的性格，她的情绪波动很大，经常甩脸子、不高兴，我们也不知道是哪里得罪她了，每天小心翼翼、如履薄冰。虽然她活儿做得不错，我们还是决定换人，因为心太累。

土木火型人的极端人格多发生在那些缺乏理性、情感能力较弱而敏感性与唤起水平又非常高的人身上。这样的人通常自私自利，只顾自己，不知道怜惜别人。他们的能力也很糟糕，什么事情都做不好，因此推卸责任成为他们的一种本能反应。因为缺乏同理心，所以他们只知道宣泄自己的不满，并不考虑对方的感受。因为灵活性太低，所以他们是直线思维，不会拐弯抹角，经常说一些傻话、呆话。

过低的灵活性和过高的敏感性还使他们思想固执，不听劝告。他们认准的事，九头牛都拉不回来。有些土型人也有这样的行为表现，但是程度不及土木火型人，原因就是他们的唤起水平和敏感性没有那么高，并不怀疑他人的意图。土木火型人时常感到别人要伤害他，在这种心态驱使下，坚持己见、排斥他人的一切建议在他们看来是一种安全策略。

在他们身上，土特质的表现不是厚道，而是死板和固执；木特质的表现不是善良，而是多疑和逆反；火特质的表现不是勤劳上进，而是情绪暴力。

《红楼梦》中宝玉的奶妈李嬷嬷就是这样的人格。贾府的奶妈大多比较受人尊敬，因为他们对主人有哺育之恩，但李嬷嬷却是个例外，丫鬟们都瞧不起她，宝玉对她更是深恶痛绝，她喜欢贪小利，有便宜就占，唠叨琐碎，倚老卖老，脾气不好，动不动就发飙。不仅如此，她情商还低，摆不正自己的位置，唯恐别人小瞧了她，结果反而遭人鄙视。

金木火型人

> **主要特点：**金木火型人与金木型人有很多相似之处，他们的左右脑都较发达，理性与感性同时存在于他们的人格当中。他们头脑聪明，想象力丰富，对生活有很强的洞察能力和感悟能力。与金木型人不同的是，他们的情绪中枢发达，唤起水平更高，容易被激怒。
>
> 金木火型人是有双重人格矛盾的人，在他们的身上不仅有理性和感性的矛盾，还有稳定与不稳定的矛盾。他们的思维有极其理性的一面，内心中有稳定的要求，可是感性又时常超脱理性的控制，变成一匹脱缰的野马，让理性遭遇深深的挫败感；不受控制的情绪时常摧毁他们试图维持的良好形象，让他们的自尊心遭受打击。

金木火型人因为左右脑优势能力的差异，可分为金木火-1型和金木火-2型。

1. 金木火-1型

生理特质：

大脑左半球	发展程度较高或很高	**大脑右半球**	发展程度中等或较高
敏感性	较高或很高	**灵活性**	中等或较高
稳定性	较低或很低	**唤起水平**	较高或很高

> **主要特点：** 金木火-1型人左脑功能居于主导地位，智商较高，能力较强。他们有强烈的主导他人的意愿，脾气暴躁，刻薄寡恩；缺乏安全感，心胸狭隘，对利益斤斤计较；将他人视为天然的竞争对手，有强烈的嫉妒心。

典型人物：明朝的嘉靖皇帝

史书记载，嘉靖皇帝幼时聪慧，熟读经史，但他的性格却极其复杂多变，作风强势，敏感多疑。在与朝臣的斗争中，他态度强硬，手腕高明，总能达到自己预期的目的。

嘉靖皇帝在用人上时而精明，时而糊涂。后人很是不解，聪明的嘉靖皇帝为什么能容忍严嵩扰乱朝纲、独擅专权几十年？其实，这与嘉靖矛盾深重的性格有关。在他身上有极其理性的一面，也有非常感性的一面，不但聪敏，而且在书法和文辞上都有不错的造诣。他信奉道教，目的是求长生。敏感加上高的唤起水平，让他对死亡充满了恐惧，希望通过道教所鼓吹的长生不老术以保永生。严嵩正是因为擅写道教所用的青辞而受到嘉靖皇帝的信赖。

严嵩是个阴柔善媚的人，这恰恰迎合了嘉靖皇帝暴躁刚愎的性格。在嘉靖皇帝的眼中，严嵩忠、勤、敏、达，完全不是他人眼中的奸臣。甚至直到东窗事发，嘉靖皇帝都不忍杀了严嵩，仍然留给他一条活路，可见他对严嵩的喜爱程度。

像嘉靖皇帝这样性格暴戾的人，不能忍受别人对他权威的挑战。他的皇后因为吃醋、耍性子，被他踢得流产致死。嘉靖皇帝后来又多次废立皇后。嘉靖二十五年（1546 年），发生了轰动一时的宫婢案，史称"壬寅宫变"。杨金英等十余名宫女因不满嘉靖皇帝的暴行，趁其睡觉时，用绳子套在皇帝的颈部欲将其勒死，但因为慌张，在匆忙中打了个死结没法收紧，未能将皇帝当场勒死。其间一个胆怯的宫女因惧怕，报告给方皇后。方皇后匆忙赶到，将绳子解开，嘉靖皇帝才捡了一条命。

谋杀皇帝事败以后，方皇后派人拘捕共谋的宫人，把曹端妃、王宁嫔以及杨金英一伙共十六人悉数抓起并凌迟处死。嘉靖皇帝身体恢复后，表面上感谢方皇后的救驾之功，心里却记恨皇后杀死了自己宠爱的端妃曹氏。嘉靖二十六年（1547 年），方皇后所居坤宁宫突然起火，宫人跪请皇帝派人救火，嘉靖皇帝因对皇后心存仇恨，竟迟迟不下救火令，眼睁睁看着方皇后被火烧死，他的冷酷和残忍令人发指。

金木火-1型人的情绪极端不稳定，心境的起伏如大海里的汹涌波涛，只有严嵩那样柔和隐忍、善于逢迎的人才能抚平他内心的狂躁。严嵩就是他的"百忧解"。在他的眼里，严嵩满身都是光环，他怎能看到他贪赃枉法的另一面？在皇权社会，皇帝在人们心中有至高无上的神威。嘉靖皇帝竟引得身份卑微的宫女铤而走险，动了杀皇帝的念头，可见他的行为已到了是可忍、孰不可忍的地步。

金木火-1型人的极端状态是反社会人格。说到反社会人格，我们需先探寻反社会的成因。历朝历代都有起义造反的人，人们之所以要造反，是因为感受到了沉重的压迫或是感觉受到了不公正的待遇。如果生活富足安宁，一般人不会去造反。同样的道理，反社会人格的形成是因为一个人在成长的过程中，感觉受到了来自社会和他人的虐待和迫害，才产生了强烈的反抗意念，想去报复社会。那些连环杀人案的凶手多是这样的人格，他们无力报复那些真正伤害他们的人，就选择将仇恨发泄在那些无辜弱者的身上，又或者，他们根本搞不清楚是谁伤害了他，因过于敏感的神经让他们感到伤害无处不在。

美国的高智商罪犯泰德·邦迪就是这样的极端性格，他是活跃于1973年至1978年的连环杀手，他曾两度越狱成功。被捕后，他完全否认自己的罪行，与警方玩起了智力游戏。直到十多年后，他才承认自己犯下了超过30起谋杀案。不过真正的被害人数量仍属未知，据估计为26~100人不等，一般估计为35人。通常，邦迪会棒击受害人，而后再将其勒死。他还曾有过强奸与恋尸行为。最终，他于1989年在佛罗里达州因其最后一次谋杀而在电椅上被执行死刑。

邦迪是个私生子，他不知道自己的父亲是谁，少年时期的他害羞、不自信、不合群，经常受到同学的欺负，但是他的学习成绩一直不错，后来他进入了华盛顿大学，在学校期间他热衷于体育与政治，参加了许多社团活动，是社团的积极分子。尽管如此，他仍然不能很好地同周围的人打交道。他参加这些活动仅仅是为了给自己建立一种良好的人设，换言之，他也想努力融入社会，但敏感多疑的性格在人际交往中形成了一道天然屏障，让他屡屡遭受挫败。在成长过程中受到的伤害慢慢变成了对社会的仇视心态，伤害他人、挑衅权威成为他获取存在感和快感的一种扭曲途径，最后变成一种上瘾行为，难以遏制。

2. 金木火-2型

生理特质：

大脑左半球	发展程度部分较高	**大脑右半球**	发展程度中等或较高
敏感性	较高或很高	**灵活性**	中等或较高
稳定性	较低或很低	**唤起水平**	较高或很高

主要特点：金木火-2型人与金木火-1型人的区别在于右脑功能优于左脑功能。他们的外在表现有些相似，性格暴躁，极易被激惹，情绪自控力很差。不同的是，金木火-2型人在早年因为想象力太丰富，满脑子胡思乱想，理性没有表现出来，学习能力受到制约，成绩不佳，表现得特立独行、不务正业。他们中的部分人有艺术天赋，尤其是文学天赋。

典型人物：《红楼梦》中的柳湘莲

柳湘莲是《红楼梦》中的四侠之一，贾宝玉与他甚为投契，在作者的眼中，他便带了光环。书中说他原系世家子弟，他父母早丧，读书不成，性情豪爽，酷好耍枪舞剑，赌博吃酒，以至眠花宿柳，吹笛弹筝，无所不为。他生得美，擅演生旦风月戏文。总而言之，柳湘莲是一个有不少劣迹又有些豪侠之气的人。

有一次柳湘莲在赖大家赴宴，薛蟠酒后向他调情，却被他骗至北门外苇子坑打了个半死。读者看到这一定感觉大快人心，但从另一个角度看，窥见的却是柳湘莲的冷酷与残忍：一般人对他人不合理的爱慕最多敬而远之，不予理睬，柳湘莲为什么会有这样的情绪反应呢？柳湘莲一面混迹于娱乐场所，自我放纵，一面又要标榜自我的清高，人称"冷面二郎"，这样的人受不了委屈，有极强的报复心理。喜欢快意恩仇的侠客实际上都是带有火特质的人，他们有暴烈的情绪，需要情绪的直线发作，行侠仗义是表达自己情绪的最好方式，同时也能让他们找到存在感与价值感。他们的很多行为不能被社会的主流价值观所认可，做一名侠客既不用受社会规则的约束，又能彰显自己的社会价值，是他们平衡自我矛盾的最好方式。

金木火-2型人多数有喝酒的习惯，只是程度不同，达到酗酒程度的多是因为人格中的矛盾更为激烈。喜好女色也是他们的共同行为特征。我认识一个金木火-2型人，他从初中就开始谈恋爱，女朋友像走马灯一样换个不停。金木火-2型人既感性又缺乏安全感。感性使他们有较强的情感需求，需要有情感宣泄的对象。而高的唤起水平又使他们有很重的危机感，在潜意识中，早早寻找配偶是为了保证自己的基因得以顺利延续下去。

凡多情的人一般不能专情。情感在不同的对象间流转，才能让他们源源不断地获得新鲜感，产生激情。对于从事文学和艺术创作的人而言，激烈的情感才能激发美好的文采和创造力，而爱情就是最激荡人心的情感。就如一个女人，每买一件新衣服就会兴奋不已，不停地在镜子前转来转去，走在大街上，感觉别人都投来艳羡的目光，有点飘飘欲仙的感觉，艺术创作需要的正是这种感觉。这样的男人不停地换女人，与女人需要经常买新衣服是同样的道理。

俄国作家陀思妥耶夫斯基在《罪与罚》这部作品中塑造的主人翁拉斯柯尔尼科夫这个人物集中体现了这类人的矛盾状态。他一方面是一个乐于助人、有天赋、有正义感的青年，但同时他的性格阴郁、孤僻，有时甚至冷漠无情、麻木不仁到了毫无人性的地步。到底是奋发还是沉沦，是他们一生需要面对的纠结。其实陀思妥耶夫斯基自己就是这样的人格，他渴望人性的救赎，将它体现在自己的作品中，但又难以遏制自己的劣习，现实中的他是个孤注一掷的赌徒，是一个不专情的丈夫。

金木火-2型人的极端人格也容易产生反社会倾向。这类人性格多有些内向，因为不善表达，他们的负面情绪都积郁在内心里，别人并不知道他们剧烈的情绪波动，甚至认为他们老实、好欺负。负能量积蓄到一定程度，终会爆发出来，造成不可收拾的后果。

某地曾发生过多起儿童失踪案，后来案件被侦破。出乎人们的预料，凶手并非面目狰狞的凶神恶煞，而是一个看起来老实木讷的男人。他去网吧里，用一些小恩小惠将小孩骗到他的住处，然后将他们折磨致死。这个案件之所以能侦破，是因为有个小孩从他的作案场所逃了出来。奇怪的是，小孩并不是自己挣脱绳索逃走的，而是被这个杀人恶魔放出去的。原来，这个孩子的情商很高，罪犯将他绑在凳子上折磨，他没有恐慌、哭叫，而是向罪犯打感情牌，他请求罪犯放了他，说等他老了，自己会养活他，并且保证不会去报案。孩子的这番话触动了他心灵深处最柔软的地方。他之所以成为变态杀人狂，是因为感受到的全是社会的冷漠和无情，孩子的一番话，让他体会到了久违的亲情，罪恶的意念瞬时瓦解。再恶的人，心中也有善的一面，爱是唤醒人良知的最好方式。

很多看似老实的人，恰是金木火-2型人的极端人格。他们中的一些人左脑只有部分能力发展程度较高。他们有较强的意志力，控制欲望强烈，思维比较严密，但思维的融通性并不是很高，看问题比较狭隘，容易钻牛角尖，陷入偏执。这样的人通常情感能力较弱，缺乏同理心。因为对风险极其惧怕，所以他们从小表现得胆小怕事，在外面总是被人欺负，敢怒而不敢言。他们将这一幕幕的屈辱都记录在心灵的账本上，变成一座沉睡的火山。成年后，一旦遇到冲击力巨大的突发事件，火山的出口被打开，就会造成毁灭性的结果。

水木火型人

生理基础：			
大脑左半球	发展程度中等	**大脑右半球**	发展程度中等或较高
敏感性	较高或很高	**灵活性**	较高或很高
稳定性	较低或很低	**唤起水平**	中等或较高

主要特点：水木火型人与水火型人性格比较相近，他们头脑灵活，性格暴躁；喜欢交际，追求刺激。与水火型人不同的是，他们的敏感性和唤起水平更高，不仅火暴易怒，而且敏感多疑，他们的自控力较差，不遵守规则，不喜欢被约束，行为放浪乖张。

水木火型人是非常情绪化的一类人，他们的理性程度较低，完全被情绪左右。因为右脑比较发达，他们中的部分人有艺术天赋。

典型人物：《红楼梦》中的薛蟠

曹雪芹用"呆霸王""贪鬼""滥情人"三个词，形象生动地概括了薛蟠的性格。

薛蟠早年丧父，缺少管教，寡母对独苗儿子异常溺爱，任由他胡作非为，不良的教养方式导致他的性格更加乖张。薛蟠挥金如土，聚赌嫖娼无所不为。很多水型人也有此恶习，与水型人不同的是，薛蟠不仅贪而且脾气暴。他为了争夺女人，纵奴打死了冯渊。后来在一次去南边置货时，途经一小酒店喝酒，因堂倌换酒迟了些惹恼了他，他就一时性起，拿起酒碗照他打去，一下子就把堂倌打死了，后被判了死罪，用银子买通官府，才被赦罪放出。

在生活中，这一类人容易成为激情犯罪的主角，他们被自己的情绪所累，又没有好的道德修养，很容易走向人性的反面。混账的薛蟠也不是一无是处，他孝顺母亲，爱护妹妹，表现出人性中善的一面。他因为调戏柳湘莲，遭到暴打，两人结下仇怨。后来，他出去经商，平安州遇盗，被柳湘莲搭救，二人从此结为兄弟。他真心实意对待曾是仇人的柳湘莲，当柳湘莲遁入空门后，他到处寻找，找不到时十分伤心，回家时眼中尚有泪痕。

薛蟠的性格中有非常感性的一面，凡感性的人，心里都有柔软的地方，人性中的善就隐藏在这宝贵的特质里。只有美好的情感才能唤醒人性中的善。热恋中的男女常表现出人性中光明的一面，这并不是刻意伪装，心中有爱的人有更强烈的利他倾向。有些误入歧途的人就因为在生命中遇到了某个人，激发了他的美好情感，心中的良知被唤醒，从此洗心革面，人生方向彻底改弦更张。可见，感性在人性中扮演着与理性同等重要的角色。

水木火型人看似暴烈凶狠，实则内心有热忱善良的一面。他们爱憎分明，极其主观，对待自己喜欢的人和不喜欢的人完全是两副面孔。人们对这类人的评价莫衷一是，因为不同的对象看到的是他们不同的面目。

水木火型人的极端状态通常发生在那些情感能力较弱而敏感性与唤起水平又特别高的人身上。他们心无善念，极其恶毒。《红楼梦》中的夏金桂就是这样的人格。

正应了那句话，恶人自有恶人磨，跋扈嚣张的薛蟠在遇到夏金桂后，就像雪人遇到了夏日骄阳，想躲躲不了，想藏藏不住，一点点走向消融和毁灭。夏金桂与他是一类人，而且比他凶狠歹毒，薛蟠总算遇到了克星。

夏金桂与薛蟠一样的火暴蛮横，原文说她"未免娇养太过，竟酿成个盗跖的性气。爱自己尊若菩萨，窥他人秽如粪土；外具花柳之姿，内秉风雷之性。在家中时常就和丫鬟们使性弄气，轻骂重打的"。从这段描写中可以看出，夏金桂不但跋扈，心眼还极小，自私自利，视他人皆如草芥，是地道的悍妇泼妇。

凡是泼妇，多为三种性格的人，一种是火木型，一种是金木火型，一种就是水木火型，她们泼辣的主要原因是敏感性过高，戒备心过重，对外界的信息反应过激，总感到别人在伤害她、欺负她，因此激起了过高的防御本能，通过撒泼这样的强势表达，维护自己的安全感。这三种泼妇的表现形式相同，本质却不太一样。火木型和金木火型人的人品没有那样卑污，她们只是性格乖戾、无法自控，将情绪暴力乱施予人；水木火型泼妇不仅性格暴戾，而且道德败坏。夏金桂的心眼就极其活络，收买下人，勾引小叔子，无所不为，不能如愿，又与过继的娘家兄弟夏三勾搭，完全没有操守和底线，最后居然动了杀人的恶念，阴谋毒死香菱，谁知人算不如天算，反害了自家性命。

水木火型极端人格有反社会的倾向，他们是犯罪率较高的一类人。

水土火型人

1. 水土火－1型

生理特质：			
大脑左半球	发展程度中等	**大脑右半球**	发展程度中等或较高
敏感性	中等	**灵活性**	较高
稳定性	中等或较高	**唤起水平**	中等或较高

主要特点： 水土火－1型人与水土－1型人有些相似，头脑不是很灵活，但是反应模式却比较灵活。他们为人宽厚、本性纯良，在生活中恪守着与人为善的原则。

　　与水土-1型人不同的是，水土火-1型人性格有些急躁，但并不暴躁。为人率直，有较强荣誉感，强烈依赖道德情感。他们行为的灵活性较高，有一定的变通能力，喜欢交朋友，为人比较仗义。因唤起水平较高，他们比水土-1型人更勤勉、更加善于表达，有较强的表现欲望。

典型人物：小说《月亮与六便士》中的施特略夫

　　小说中的施特略夫肥肥胖胖，通红的圆脸蛋像两只熟透了的苹果，他喜欢绘画，却没有什么天分，但他却有一双慧眼，很快发现了穷困潦倒的画家思特里克兰德的绘画天分。他无私地帮助思特里克兰德，还将他接到家中养病，不承想他的妻子却与思特里克兰德日久生情，二人准备私奔。面对妻子的背叛，他也许愤怒过，但他太爱自己的妻子，冷静下来之后反而担心妻子出去后会受苦，于是将自己的家让给了那对不知感恩的男女，自己却在外面过起了漂泊的生活。

　　最初读到毛姆的这部著作时，我觉得施特略夫这个人物形象不可信，直到我有一次遇到了与他类似的人，才知道作者的描写不是完全虚构。那位男士是个做工程的生意人，他有一定的灵活度，喜欢跟人打交道，给人造成一种善于做生意的假象。但实际上他的头脑并不灵活，又缺乏理性，做事没有原则，根本无法把控生意场上的风险。因为他人品好、肯吃亏，所以大公司愿意把工程包给他做。可是每项工程做下来他都不赚钱，白忙一场。手下的管理人员还把收取的货款据为己有，他不但不恼，还为其开脱，说他是因为买房子缺钱才不得不那样做。

　　当然不是所有的水土火-1型人都善良到这种程度，但总体来说，他们的道德水准较高，有较重的利他倾向。

　　水土火-1型人的极端状态就是爱管闲事的滥好人，他们缺少原则与辨识力，同情心泛滥。寓言《东郭先生与狼》中的东郭先生就是这类人，好心办坏事。他们被自己虚幻的道德感欺骗，做出吃力不讨好的事，这样的人在生活中极易上当受骗。

2. 水土火-2型

生理特质：

大脑左半球	发展程度中等	大脑右半球	发展程度中等
敏感性	中等或较高	灵活性	较高
稳定性	中等或较低	唤起水平	较高

主要特点： 水土火-2型人与水土-2型人的性格有些类似，他们头脑灵活，但是反应模式却不是非常灵活，思想和行为有一定的落差。因为带了火特质，所以行动力尚可，爱惜自己的名誉，为人比较仗义，因为唤起水平较高，所以他们有急躁或暴躁的一面。

典型人物：香港影视作品中的经典角色"大傻"

香港电影中的"四大恶人"之一的"大傻"（成奎安扮演）这个角色头脑简单、性格暴戾，总是一副凶神恶煞的样子。这其实只是他性格中的一面，他带有火特质，在他身上的确能看到李逵的影子，有时可能有凶暴鲁莽的性格倾向。但是"大傻"实际上并不傻，不然怎么能在黑道上混得风生水起。他有灵活机变的一面，善于经营自己的人际关系，朋友也很多。之所以给人造成"傻"的印象，主要是因为他的反应模式不很灵活，遇事的表达有点僵硬，总是梗着脖子，一副蛮横凶狠的模样。其实，真正的恶人有时反而伪装得像个大善人。"大傻"的形象之所以给观众留下深刻的印象，是因为他面恶心善，对朋友还很仗义，虽然有诸多缺点，却是个值得交往的朋友。

　　水土火-2型人的极端状态是容易被人利用的社会边缘人。我们常看到电视剧中那些拿着武器、喊打喊杀的黑社会小混混，他们中的很多人就是这样的性格，以至于大家形成了一种印象，感觉混黑道的人都很仗义，其实并不尽然，对于大部分游走在社会边缘的人而言，不守规则、互相利用、尔虞我诈反而是一种常态。

第 6 章

五行人格心理学测评方法

人格与面相

↗ 对传统人格测评的思考

本书前面已经列举了25类基本人格的具体表现，看了这些描述，你是否能够对号入座，确定自己的人格类型呢？我想，有一部分人会有这样的分辨能力，而另一部分人则会在模棱两可间犹豫不定。

真正了解自己是一件非常困难的事，尤其当认知的主体和认知的客体为同一对象时，就如同运动员和裁判员由同一人担任，评定的结果难免会有所偏差，最公正的人都会有自我价值保护倾向，倾向于给自己较高的评价。心理学上有一个中等偏上效应，说的是人们在评价自己的长相、能力和性格等素质时有积极的倾向，通常认为它高于平均水平。

我们不能责备人的狂妄自大，因为个体是从褊狭的视角审视自我的，视野的广度和深度都受到限制，并不能够将自己放在所有人群集合中去做客观的衡量。我们生活的圈子局限在一定的范围内，获得的样本数量也非常有限，再加上认知偏差的干扰，会使得我们对自己的认知水平远远低于对客观世界的认知水平。

传统心理学做人格测评，通常采用问卷的方式，测评结果的准确性依赖于个体对自我的认知程度。即便自我认知较清晰的人，关注的也是人格中的各种现象，并不明白这些现象背后的真实动因。人格形成的过程极其复杂，存在一因多果和一果多因的现象，在原因和结果之间建立准确的内在联系并不容易。

多年来，我一直在思考一个问题：作为一种客观的评估工具，应不应该仅仅依赖测评对象的主观描述就得出确定的结果？比如，我们到医院去看病，需要通过各种仪器的检测，才能找到准确的病因，而不能仅根据病人的描述确定病情。现代医学之所以获得了长足的发展，得益于各种先进检测设备的发明。

人格不同于人的身体，它看不见、摸不着，我们只能从人的行为表现中寻找蛛丝马迹，有时行为表现还可能是假象。对于复杂的人格特质，我们可以通过怎样的客观手段进行检测呢？我百思不得其解，直到有一天，一件意外事件的发生，让我的困惑豁然开解。

↗ 意外的启示

那一年，刚刚入冬，天气骤然转寒，人的手脚变得有些僵硬，我不小心在家里跌倒，脚踝骨发生了骨折，在医院里打了石膏，被告知要卧床三个月。百无聊赖中，我只能看书打发时光。以前，我都是自己去图书馆借书，现在不能走动，只好请老公帮忙。没想到，他居然借回一堆看相、算命的书籍。这些书籍以前都被我归入封建迷信的行列，根本不在我的兴趣范围之内，现在，他既然借回来了，我也就随便翻翻，权当消遣。

谁知这一翻，立刻让我入了迷。原来人内心都有"迷信"的倾向，我也不例外，人在潜意识中都或多或少相信有一种神秘的力量在左右着自己的命运，只是不知道这种神秘的力量到底是什么。现在看到这些"秘籍"说得头头是道、言之凿凿，我如获至宝，马上根据书中的描述对号入座，接着我惊奇地发现准确度极高。比如，相书上说，鼻上有痣的人不守财，会乱花钱。亲戚家刚好有一个孩子，就是这种面相，他就是个花钱没有节制的人。相书上又说，男人左奸门有痣，为人花心不专情。我以前的单位有一个同事，就有这样一颗痣，果然是个花心男。还有很多说法，都能在生活中找到例证。

待我把这些书籍看完，仿佛变成了一个道行很高的算命先生，见人就在心里评头论足一番，遇到感兴趣的人，还会深度解读一番，说得人频频点头，心悦诚服。随着"品鉴"的人数多了，问题也逐渐暴露出来，我发现例外越来越多。有鼻上长痣但很节俭的人；有奸门长痣但一点也不花心的人。于是，我开始对它的科学性产生了怀疑。

在这些看相算命的著作中，我发现了一个普遍现象：相士们很善于给例外找各种理由，如果预测得不准，他们就会说是当事人的德行发生了变化。比如唐朝的宰相裴度，年轻时被相士判定为饿死之命，因他生有两条入口纹。历史上，汉文帝的男宠邓通和汉景帝时的名将周亚夫都生有这样的面相，他们虽然富贵一时，最后却都没有逃过饿死的命运。裴度却没有重蹈他们的覆辙，他不仅才能卓著，而且生荣死哀，功德圆满。这如同给了相士一记响亮的耳光，为了自圆其说，他们又有了另外的解释，说裴度是因为义还玉带，做了好事，积了大德，所以改变了命运。如果做一件好事就可以改变命运，那么历史上死于非命的忠臣良将又做何解释？历朝历代，因饥饿而亡的人不计其数，难道他们都有纵纹入口？

凡科学的论断，必定有严密的逻辑关系，有明确的因果关联。比如，我们说两点决定一条直线，它之所以成为一个定理，是因为没有例外。例外太多的结论一定有问题。所有的算命术和相术，采用的都是归纳法，而且是不完全归纳法，它的正确性局限在一个较小的范围之内，不是放之四海而皆准的真理，而且算命有心理暗示的作用，可能无中生有。

《警世通言》中有这样一则故事，有个押司被江湖术士拉住算命，断言他不久会有血光之灾。押司心情不快，回家将这件事告诉了自己的老婆，谁知这个女人早有外心，与情夫相好日久，正愁没有办法踢开丈夫这块绊脚石。听到这个信息，她马上与情夫合计，想出了一条天衣无缝的毒计。他们将丈夫勒死，埋尸灶下，然后让情夫穿上丈夫的衣服，当着众人的面掩面冲出家门，跳入门前的大河中，制造了丈夫投水自杀的假象。人们惊叹相士的神算，感慨天命难违，却不知道这天命背后有两双人的黑手。算命先生不是预测命运，而是制造了命运。

尽管如此，我们并不能完全否认面相学，这门学问之所以能世代流传，其中一定有某些道理，只是这种道理未必是相士所认定的道理。比起面相决定命运的论断，我更相信性格决定命运。

受面相学的启示，我突发奇想，人的性格与面相是否有某种关联呢？

要想弄清楚这个问题，就要先了解性格形成的成因。我是学心理学的，知道人的气质反映的是人的心理活动表现在强度、速度、稳定性和灵活性等方面动力性质的心理特征，而心理活动的强度、速度、稳定性和灵活性与人神经活动的敏感性、灵活性和稳定性密切相关，是一种生物特征，并非由后天的成长环境决定。气质是人格形成的内因，环境只是人格形成的外因。

这种先天的气质，是否会在人的面相上留下痕迹呢？经过多年的研究，我有了惊人的发现，只要仔细观察，就会发现每个人的面部表情都丰富之极。人每天的喜怒哀惧都会通过面部表情表达出来，天长日久，人的气质特点就会在脸上表露无遗。人的气质特点最终会体现为喜怒哀惧程度的不同：

- 敏感的人多哀、多惧，他们的表情或紧张，或谦卑；
- 灵活的人多喜悦的心灵体验，他们的面部表情舒展而张扬；
- 不稳定的人多怒，他们喜欢发脾气，脸上自有几分暴戾之气；
- 不灵活、不敏感的人没有激烈的情绪表达，他们的脸上有一分木然；
- 理性的人心中有坚定的信念，他们的眼神明澈而镇定；
- 感性的人情感和想象力丰富，他们的眼神或温和，或迷离。

人的所有内在气质就这样不知不觉写在了自己的脸上。知道一个人的气质特点，基本就能预测一个人的思维和行为的倾向。因为先天的生理特质才是人思维和行为的触发器。以前，我的苦恼的是如何发现这些气质特点，现在有了面部表情这一线索，人格测评的主观性问题得以解决，摆脱了裁判员与运动员角色重叠的沉疴痼疾，能帮助人们从客观的角度，更好地认识自己和他人。

自从将面相与人格建立联系后，我的生活就变得丰富而有趣了，我经常被人们当成"算命大师"。尽管我一再解释这是科学，不是算命，但大家依然将信将疑。人们倾向于认为通过某种神秘的能力才能洞悉生命中的秘密，不相信科学的方法可以把握复杂的人性。

一天，我在一家公司见到一位主管，聊天之间，我问他："你是否在30

岁左右曾经辉煌过，后来又出现了衰败，一贫如洗？"他大为吃惊，对我肃然起敬，只当我是世外高人。原来，他在30岁左右曾经经营一家公司，效益很好，他一度腰缠万贯，春风得意。可是成功后，他欲望膨胀，盲目扩张，导致资金链断裂，公司破产，他又被打回了原形，还背了一身债务。无奈之下，只好出来给人打工。

其实，我不是神婆，也没有未卜先知的本事。要问我为什么知道他的经历，全凭他自己的脸上表露出的信息。他是个聪明的水型人，但他的人格状态已经呈现了极端。极端的水型人胆大冒进，急功近利，必定招致灾祸。以他的能力，在30岁之前，凭着初生牛犊不怕虎的冲劲，一定会成就一番事业。人在发达后，容易变得极端，而水型人一旦极端，必定守不住到手的财富，这是一种必然规律。很多水型人都重复着这样的生命历程，他并非个例。按照规律去预测人和事，岂有不准确的道理？

这个世界上的一切事物都有它运行的规律，人性也不例外。年轻的时候，人们认为人生有无限的可能性，海阔凭鱼跃，天高任鸟飞。人到中年，经历了很多事情，才明白，鱼的尾巴上、鸟的翅膀上似乎都拴了一根看不见的绳索，限制了发挥的广度和高度，这根绳索就是人的性格。

人们常说思想决定行为，可有时候人的认知和行为却会发生分裂。人性中存在着普遍难以克制的弱点，每个个体身上又存在独特的难以逾越的局限。古语道："富贵险中求。"又道："小心驶得万年船。"到底是应该谨慎，还是应该冒险呢？其实谨慎与冒险都与先天的气质有关，前一句话是过分谨慎的人在屡屡踏空后的归纳总结，因为他们总是因为过分追求稳妥而丧失了发财的机会；而后一句话则是那些过于冒进的人在翻船后的由衷感叹。可是谨慎的人依然谨慎，冒进的人照旧冒进，人被自己的性格左右，很多时候无能为力。叔本华说"人的意欲没有自由"，也正是基于对人性的深刻认识。

人生而不同，每个人都不可能复制他人的成功。就算是同一个人，在不同的时代，如果让他的人生重演一遍，结果也不一定相同，人除了受先天气质的影响，还要受环境和机遇的影响。在微观的世界里，粒子的运动充满随机性，并不遵循因果律，人类社会似乎也有相同的现象，个体对宇宙而言，就如同一个微小的粒子，个人的命运也有随机性，并无确定的因果关系，付出与收获之间往往不成正比，同人不同命的现象屡见不鲜。但从宏观的角度考量，原因和结果之间依然存在必然的联系，就像把碱和酸放在一起一定会生成盐和水，性格对命运的影响便遵循这样的因果律。

古人的面相学中有很多科学的成分，好的面相一定是平衡人格的结果，而坏的面相大多是极端人格的结果。人的性格在一生中处于动态变化中，变化的方向就是从平衡到极端或是从极端到平衡，面相也会随之不断发生变化。

民间有一种说法："女人颧骨高，克夫不用刀。"人们认为颧骨高的女人权力欲强，好嫉妒，刻薄凶悍，喜欢虚饰，为人不诚实，会对丈夫和家庭不利。

这种说法有没有道理呢？我观察了生活中不少强势的女人，发现她们中的很多人确实具备这样的面相，但却未必会克夫，只是婚姻不顺或是家庭不和睦。这其中的逻辑关系似乎有点问题。人们认为颧骨高是克夫的原因，实际上高颧骨并非天生，而是由性格和后天的际遇共同造就。

我认识几个高颧骨的女人，从年轻的时候，我就与她们相识，那时并不觉得她们颧骨高。多年后，再看她们的面相，已发生了惊人的变化。当年的美丽和圆润荡然无存，取而代之的是满脸的刻薄和怨气。这样的女人多是金木型、火木型或金木火型人格，她们天生敏感，唤起水平高，缺乏安全感，她们的控制欲来源于内心深重的不安全感。她们害怕被人看不起，喜欢攀比；自尊心太强，争强好胜。如果没有达到预期的目标，就会生出焦虑和愤懑的情绪，终日生活在忧惧之中，天长日久，她们的面相就慢慢发生了变化，面颊深陷，而显得颧骨突出。

鲁迅在短篇小说《故乡》中描写的人物"豆腐西施"就是这样的情形。中年的"豆腐西施"在作者眼里是这样的形象："见一个凸颧骨、薄嘴唇、五十岁上下的女人站在我面前，两手搭在髀间，没有系裙，张着两脚，正像一个画图仪器里细脚伶仃的圆规。"而留在作者记忆中的"豆腐西施"却是这样："人都叫伊'豆腐西施'。但是擦着白粉，颧骨没有这么高，嘴唇也没有这么薄，而且终日坐着，我也从没有见过这圆规式的姿势。"

一个人的面相是反映身心状态的晴雨表，仔细观察，会发现身体的各项指标都会在脸上寻到蛛丝马迹。我很喜欢照镜子，原因是镜中的自己有助于自我调理和自我修养。一个人的颜值，每天都有变化。如果有几天饮食超量、运动量少、体重增加，在镜子中马上会发现自己的脸变圆了，气色也变得混沌，跟以前有很大的分别，便要注意调整自己的饮食结构和生活规律；如果有一段时间心情欠佳、睡眠不好，会发现自己眼圈发黑，满脸憔悴，面颊变得干瘪，失去了往日的丰润，这时候就要注意调整自己的心理状况，不能让这种情况持续和蔓延。很多高颧骨的女人就是在岁月的煎熬中，慢慢失去了脸上的圆润，变得颧骨突兀、面目全非。

人格与体态

↗ 胖瘦的秘密

我有一位朋友身体肥胖，她为此非常苦恼，为了减肥，她午餐只吃一点蔬菜汁，晚餐也吃得很少，可是却收效甚微。她羡慕我有苗条的身材，于是向我请教减肥良方。我哪里有什么良方传授给她，要知道，年轻时的我也是个小胖子，做梦都想让自己拥有窈窕的身姿。因为较胖，我从小就生活在深深的自卑中。其实，那时我吃得并不多，却总是一副胖乎乎的模样，现在想来，那其实就是一种婴儿肥。

上了大学后，我下定决心要减肥，不仅减少饭量，还积极参加体育锻炼，加大运动量。那时，我们下午4点半吃晚饭，到晚上10点钟熄灯入寝，中间长达5个多小时。上完晚自习回来，已经饿得前胸贴后背，不吃点夜宵，根本难以入眠。每天的这个时间点，是我最痛苦的时候，满寝室都飘着方便面和葱油饼干的香味，无数馋虫在嘴里乱爬。可我一定要克制住自己，坚决不能吃一点儿东西。这样艰苦卓绝的努力，持续了一学期，体重总算减少了几斤。可是好景不长，后来稍有放松，体重又迅速反弹到以前的水平，我陷入了深深的绝望中。

24岁之后，奇迹突然发生在我的身上。一日，同事问我是不是生病了，为什么突然瘦了很多？我大吃一惊，照照镜子，发现脸果然变小了，称量体重，居然轻了近十斤。其实，那一阶段，我既没生病，也没节食，相反，每天精神亢奋，胃口大好，享受的美味珍馐比以前任何时候都多。至于如何突然变瘦了，我自己也不明就里。直到后来，我开始研究人格理论，发现了性格与体型之间的某种联系，再回想自己当年的经历，才恍然大悟，找到了自己当年变化的原因。我在生活中见到不少与我性格类似的人，发现他们居然与我有相似的经历，反常的现象背后，有着令人心酸的原因。

一次，我在电视上看到费翔的访谈节目。让人难以置信的是，他在青少年时代居然是个大胖子，跟他今日的帅哥形象有天壤之别。他说自己当年是个很自卑的人，不愿意与别人交流。人们也许认为是肥胖导致了他的自卑，就像我当年一样。现在回想起来，情况不一定是这样，到底是自卑导致了肥胖，还是肥胖导致了自卑，这其中的逻辑关系很难界定。

当年，我的父亲差点儿被戴上"反革命"的帽子，我从小受尽了别人的歧视和欺辱，性格才变得内向和自闭。那时，我并不知道自己是个敏感的人，在巨大的打击和痛苦面前，敏感的心灵无法承受，不知不觉启动了自我防御机制，用麻木和迟钝进行自我保护。

很多自闭症患者，也是因为过于敏感而启动了防御机制，与他们不同的是，我的理性程度和灵活性比他们高，因此并未自闭到影响正常的学习和生活。但我却因此患上了社交恐惧症，见到生人就紧张得说不出话来，看到人多就会产生莫名的恐惧感。高中时，我转学到一个新的学校，走进新的班级，面对几十张陌生的脸孔，我的第一反应是：头晕目眩，内心颤抖。我觉得自己永远也不可能认识这些人。

我想，很多自闭症患者也跟我一样，在面对陌生人群时会产生严重的濒危感和濒死感。这样的自我保护状态实际上是强行将一个人的敏感性和唤起水平由极高降到了极低，低敏感性和低的唤起水平才是肥胖的主要原因。一个人不好动，运动量太少，不操心，睡眠好，很容易导致肥胖。我变瘦的那个时期，正是事业取得初步成功的时期，每天体会的是春风得意马蹄疾的感觉。在找回自信后，真实的自我被唤醒，敏感性和唤起水平都发生了变化，体型也相应发生了变化。小时候，母亲常责怪我做事性子太慢，讥笑我走路怕踩死蚂蚁。后来，我却变成了一个做事雷厉风行、效率极高的人，连母亲那样的急性子都自叹弗如。

据我多年的观察，人的体型基本由自己的性格塑造。一个人不会无缘无故地肥胖，也不会无缘无故地瘦削。人们常说心宽体胖，这话有一定的道理。但是这里的宽，不一定是宽厚的意思，有的胖人不仅不宽厚，反而很狭隘。这里的宽，指的是人的唤起水平较低，不容易被环境的变化所惊扰。唤起水平低的人睡眠状况都很好，入睡快，睡得沉。在火车上、飞机上、候车室里，常看到打着呼噜酣然入睡的人，他们十有八九是体型较胖的人。

在唤起水平这个维度上，最低的是水型人和土型人，生活中的胖人也多是带有这两个特质的人。我认识一对母女，仔细端详，她们的五官长得很相似，可给人的感觉却完全两样。原因在于她俩的性格不同。母亲是金木型人，长得苗条精干，而女儿是土型人，身材高大，老实敦厚。

与低唤起相反的那些高唤起的人，却有着截然不同的身材。敏感性与唤起水平较高的木型人体型一般较瘦，唤起水平太高的火型人反而比木型人壮实得多，原因很简单，火型人性格暴躁，好勇斗狠，在长年的战斗中练就了好体格。《水浒传》中对李逵的描写是："黑熊般一身粗肉，铁牛似遍体顽皮。交加一字赤黄眉，双眼赤丝乱系。怒发浑如铁刷，狰狞好似猊猱。"在生活中，很难看到这样的形象，一则因为文学描写有些夸张，二则因为单纯火特质的人在生活中比较少见。如若是火木型人，身材多数比较瘦削，水火型人则比较肥胖，金火型人身材中等。

人的身材还跟意志力水平有关，意志薄弱，克制不了自己欲望的人，对饮食难以节制，也容易造成肥胖。人体也遵循能量守恒定律，多余的能量最后都会转化为脂肪。单位里有个人，身材高胖，她决心不吃午饭，发誓要将体重减下去。可是几个月过去，不曾见她有任何变化。原来她虽然不吃午饭，却不停地吃零食，加起来的能量一点儿都不比午饭少，她根本不能克制自己对食物的欲望。人的各种欲望，要借助意志力的控制，才能维持在一个合适的水平。

在所有的人格中，金型人的意志力水平最高，他们中的大多数人因此拥有胖瘦适中的身材。我的父亲就是一个典型的金型人，他每顿只吃一碗饭，无论饭菜的味道和品相如何，对他都毫无影响。在我的记忆中，他只有一次试图添饭。那是因为我发明了一种美食。用蒸馒头的发面做成汤圆，下在用大葱爆香的鲜汤中，美味无比。在那个贫困的年代，胜过八珍玉食。可惜他的这次破例并未得以实现，因为有人比他吃得更快，早已将锅里舀了个底朝天。这件事一直被我们传为笑谈。

小时候，生活虽然很艰苦，但我却是个天生的美食家，我能将普通的面粉做成各种美食。12岁时，我已能操办请客的酒席。平常的食材经我之手就有了别样的风味，这可能也是我肥胖的主要原因。为什么当年我对美食有那样浓烈的兴趣？现在想来实在无法理解。因为现在的我对饮食已经意兴阑珊。头脑中被各种想法充满，根本没有精力考虑吃的问题。当年性格内向的我，也许是精神空虚，所以才寄情于美食。这又涉及影响体型的另外一种因素——情绪。

按寻常逻辑，一个人心情不好，情绪低落，会吃不下饭，变得消瘦。其实，除非是遭受了巨大的毁灭性的创伤，否则不会出现这样的状况。一般情况下，消极的情绪反而会驱使人选择用食物作为补偿，摄入更多的能量，导致肥胖。心理学研究也发现，人在情绪低落的时候，意志力水平会大大降低，更加无法控制自己的欲望。

我观察到一个奇怪的现象，一般情况下，金木型人都比较纤瘦，因为敏感性和唤起水平都较高，意志力较好，他们的体型都保持得比较好。但如果以此来判断他们的人格，有时候会出现很大的偏差。金木型人在状态不佳的情况下，反而会变得肥胖起来。

不久前，我见到了一位以前的同事。她从前身材苗条，这次见到她，我心里暗暗吃惊，她的身材严重走样，气色也大不如前。与她交流后才知道，她一年前患了严重的抑郁症，靠药物治疗才勉强缓解了症状，但也因此带来了副作用，身体开始迅速发胖。抗抑郁药物的作用机理是通过抑制神经细胞对某些神经递质的吸收来改变这些神经递质的水平。神经递质水平的变化会导致人体激素分泌水平的变化，而某些激素的分泌水平高低会直接影响人体的消化和吸收。人的胖瘦不仅与饮食多少有关系，还与人新陈代谢的快慢有很大的相关性。新陈代谢快的人不容易发胖，而新陈代谢慢的人更容易造成脂肪的堆积。人到中年后，多数人会开始发胖，就是因为随着年龄的增长，人的新陈代谢速度会慢慢降低。

人的体态信息比面部表情更加直观，难以隐藏，它可以作为判定人格类型的重要指标。

第7章

五行人格心理学应用

对个体的价值

1. 职业选择

人的一生成功与否，与他所从事的职业密切相关。每一个时代都有热门行业，在这些行业中的人无论是收入还是社会地位都明显高于社会的平均水平，他们有一种天然的优越感，即便能力一般，也能拥有不错的生存状态。

与此同时，每个时代都有冷门行业，在这些行业里，付出的多，回报却很有限，即便能力再强，收入也只能望人项背。正因如此，人们才削尖了脑袋想往热门行业里钻。但事情的发展往往出乎人的意料。中国有句古话说得好，"三十年河东，三十年河西"，风水轮流转，热门可能变为冷门，冷门也可能变成热门，与其在行业间朝秦暮楚，还不如坚持最适合自己的方向。合适的才是最好的。就像在股市中，跑出跑进的到头来空忙一场，只有坚持价值投资的，才能立于不败之地。

要坚持价值投资，就要明白每个人的价值所在。因为生理特质的差异，人的气质类型各不相同，思维方式和行为模式也有很大的差别。承认这种差别性，才是发现价值的开始。

我曾去一个单位访谈，单位的两位领导自我剖析性格的差异。其中一位说，他做事精细程度不够，容易粗心大意，这不仅体现在思维上，就连日常的行为也是如此，比如走路常碰到桌角、拿东西常碰翻茶杯。另一位则不同，他说自己做事严谨、很少出错，公司的具体事务在他的负责下按部就班、井然有序，他还调侃粗心的领导心态很好，无论遇到什么情况，都能很快酣然入睡，而他却因为心事太重常常失眠。这两个人一个是水型人，一个是金木型人，他们之间有很大的差别，但两人搭配做事却能取长补短、相得益彰，他们单位年年被评为行业标兵。

人的先天本质决定了每个人都有一定的局限性，不可能将每一件事情做好。如果做了自己不擅长的事情，很可能造成英雄无用武之地的悲剧。

小时候，我们都听过爱因斯坦与小板凳的故事。老师拿着小爱因斯坦做的小板凳，在全班同学面前批评说："还有比这更糟糕的小板凳吗？"爱因斯坦回答说："有。"接着，他从书包中掏出两个更糟糕的小板凳。他交给老师的已经是他做的第三个小板凳，也是最好的一个。通过这个故事，老师教导我们得出结论：勤能补拙。如此笨拙的爱因斯坦后来竟能成为伟大的科学家，一定是勤奋努力的结果。

我们不能否认勤奋的作用，但前提是要在正确的道路上。爱因斯坦如果去做木工，恐怕终身都是个蹩脚的木匠。爱因斯坦的优势是他超强的逻辑思维能力和想象力，并不是他的动手能力。这个世界上全才很少，我们不能要求一个人在各个方面都有卓越的表现。爱因斯坦成名后，以色列曾邀请他回去做总统，却被他婉言谢绝了。爱因斯坦很明智，他知道自己可以做一个杰出的科学家，却不能够成为一位合格的总统。

在中国，受官本位思想的影响，很多人将混个一官半职作为一生追求的目标。但做官需要有做官的素质和操守，欲壑难填的人做了官等于将自己送入了鬼门关。如果获取了显赫的权力，他们多会贪赃枉法、罔顾法纪，多行不义必自毙，总有一天要受到清算。一个缺乏道德修养的人去做领导工作，台上满口仁义道德，台下却做着见不得人的勾当，每天说着自己都不相信的话，天长日久，精神都会出现分裂。

抱着赚钱的目的跻身官场的人罪大恶极，因为他从源头上毁坏了社会的公平和正义。如果渴望腰缠万贯、富贵荣华，那么可以去经商，凭自己的本事从市场中获取财富。我认识一个老板，他以前是政府官员，后下海经商，现在身家颇丰，他常跟我描绘他白手起家的惊险和坎坷。他是个胆子极大、极富冒险精神的金水火型人，抓住了商机，才有了今天的成就。我常想，如果他没有辞职，还在政府机关里，现在可能已经在吃牢饭。

现今创业的年轻人越来越多，但创业并不是人人都适合做的事情。创业对人的素质有很高的要求，没有经验、没有资源就想创业成功简直是痴人说梦。

创业对人的管理能力要求很高。创业不是一个人单打独斗，而是需要一个团队的共同努力，人力资源是企业最宝贵的财富，创业者需要有很强的识人和用人能力，而没有胆魄和胸怀的人不懂得驾驭人才，也不能吸引人才。

一个新生的公司，如同一个初生的婴儿，自身脆弱，缺乏防御能力，大病小灾不断，作为创业者，要随时面临挫折和打击，因此，创业者还需要有很强的抗压能力。网上经常曝出某某创业明星自杀身亡的消息，令人扼腕叹息，他们很多都是脆弱而敏感的金木型人。这样的人格有很强的成就动机，但本身的抗压能力却很有限，如果没有乔布斯那样过人的才华，最好不要独立创业，创业路上的凶险不可预知，脆弱的人无力承担那样的风险。

人贵有自知之明，能清楚认识自己的人才是有大智慧的人。三国时的诸葛亮就是有大智慧的人。诸葛亮鞠躬尽瘁辅佐刘禅，绝不仅仅是忠心这么简单。他心里很清楚，他只是王佐之才，却不是帝王之才；他有过人的能力，却没有王者的胸怀。刘禅虽然迟钝，但需他借天命扛起帝王这面旗帜，诸葛亮才有施展才能的空间。

历史上有一个反面典型人物——王莽。王莽在称帝前，品格和学识皆为人称道，他是一位杰出的臣子，却不是一位合格的帝王。不能用好或坏来简单评价王莽，他托古改制，自认为践行了孔子所说的好古敏求，说明他是个有抱负的理想主义者，但是开历史倒车的结果必定是被历史的车轮碾压。现实生活中，很多人正是犯了和王莽同样的错误。看见老板生意兴隆、财源广进，觉得自己能力并不比老板差，为什么不能自立门户呢？他们不明白，一个看似无所长的人，却有着别人没有的格局和胸怀，这才是获取大成功的必备条件。就像汉朝的开国皇帝刘邦，一个酒肉之徒，却驾驭了一群当世最优秀的谋臣武将，连他自己都不明就里，私下里也许认为是天命在眷顾他。其实刘邦的成功源于他包荒纳垢的胸怀和勇于担当的豪情，这是天生的一种气质，很难通过后天的培养获得。

很多人当了老板以后，却怀念起给别人打工的岁月。对抗压能力弱的人来说，在别人搭起的舞台上唱戏，也许更加随心所欲、得心应手，演出的效果会更加精彩。

在商海中遨游，需要有一定的灵活度，有人甚至认为无商不奸。这样的认知有严重的问题，充斥着奸商的市场本身就是有问题的市场。商业中的灵活度应体现在对市场形势的正确把握上，体现在对消费者心理的敏锐感知上，体现在经营理念的与时俱进上。真正生意做得好的人并不是水型人，而是金水型、金水木型或是金木型人。生意场上除了灵活还需要理性和魄力。灵活度太低的人不太适合做生意，我见过不少带有土特质的人为形势所逼或为潮流所感，跑去做生意，结果都是困难重重、痛苦不堪。

人在年轻时有较多选择的机会，这时应该做好自己的职业规划。否则到了中年，再想改弦更张就很困难。一则自己的学习能力在下降，学习一门新技能需要花费更多的时间；二则社会也很难给你提供机会，现在的用人单位都很现实，一般不会冒险使用一个半路出家的人。

人的职业不能立足在自己的薄弱环节。我曾经遇到过一个年轻人，他在一家公司里做程序员，是个很活跃的水型人。据我推测，写代码、编程序都不是他擅长的工作。果然，跟他交流后得知，他每天都生活得很苦闷。在单位里，领导不喜欢他，他对这份工作非常排斥，认为领导总是针对他，跟他过不去。我想其实是因为他工作做不好，达不到领导的要求，才受到指责。一个人在自己不擅长的领域耕耘，首先是缺乏热情，其次是缺乏能力，不可能有好的前途。

2. 婚姻匹配

五行相生相克的规律在人的性格中也有明显的体现。性格相生的两个人在一起，可以弥合彼此性格中的缺陷，减少婚姻中的矛盾，提高婚姻的幸福感；而性格相克的两个人在一起却如同针尖对麦芒，双方互相打击、彼此伤害，两人在一起不但没有幸福感，反而会变成一种痛苦的折磨。

让人不解的是，性格相克的两个人是如何走到一起的呢？要想解开这个谜团，我们需要了解爱情产生的原因。爱情的降临取决于荷尔蒙的分泌水平。爱一个人也许根本说不清缘由，人只感到精神亢奋，心中莫名悸动，眼里只看到他，心中只装着他，愿意为他生、为他死，文学作品中的殉情故事，大抵都发生在这一阶段。罗密欧和朱丽叶如果结了婚，若干年后说不定会成为一对怨偶。

人性的悲剧在于，能刺激荷尔蒙分泌的不是性格的匹配度，而是漂亮的容颜、惹火的身材，或是某些卓越的才能、耀眼的光环。轰轰烈烈的爱情结出的不一定是甜美的果实，平淡的开始说不定还会有一个美好的结局。

青春年少时，人都会有很多幻想，渴望一见钟情的美好爱情。随着年纪的增长，白马王子、白雪公主迟迟不现身影，幻想慢慢破灭，人会变得务实，开始关注一些内在的东西，诸如性格和品德，这时候性格相生相克的规律会起作用，很多人也能找到与自己性格匹配的人。所以，早婚比晚婚的风险要大很多。

我观察生活中幸福的夫妻，发现没有一对不是性格相生的，但性格相生的却未必都能和睦。性格相生是幸福婚姻的必要条件，而非充分条件。据我观察，在离异的男人当中，水型人居多，而离异的女人中，金木型人居多，为什么会出现这样的现象呢？原因在于水型人和金木型人是相互吸引的两类人，金特质和木特质都容易被水特质吸引，金木型女人很喜欢水型的男人，水型的男人也容易被金木型女人吸引，他们很容易走到一起，但这样的婚姻却常常不能白头偕老。金木型人多敏感，缺乏安全感，有较强的控制欲望，而水型人却追求自由，不愿意被管制。性格平衡的水型人尚能和平相处，性格极端的水型人则会产生强烈的逆反心理，于是夫妻矛盾不断，渐行渐远。

极端的水型人多用情不专，这是导致婚姻破裂的元凶。金木型人有心理洁癖，她们可以忍受男人的贫穷，却不能忍受男人的背叛。一个要强而敏感的女人，知道丈夫心思不在自己的身上后，做不到装聋作哑、视而不见，自尊心会促使她们选择离开，即便她很喜欢这个男人。

遇到一个花心男人是女人的巨大不幸，她们因此要遭受严重的心灵折磨。人常说"男人有钱就变坏"，这话不够准确，有钱会增加男人变坏的概率，是男人变坏的诱因，而不是变坏的原因。没钱的坏男人比比皆是。

我曾见过一个下作的男人，他在小区里收废品，与他的老婆两人骑着三轮车走街串巷，收些旧报纸和旧纸箱，穿得破破烂烂，一副邋遢形象。有一次我卖废品，近距离见识了他猥琐的真面目。他一把年纪，却眼带桃花，眼光总是在女人身上扫来扫去。让人瞠目的是，他居然趁我不留神的空当，偷偷摸了一下我的手。起先我以为是他不经意间碰到了，并未介意，发生了多次后我才明白是他故意所为。看到在一旁辛苦忙碌的他的妻子，真为她感到难过。我狠狠瞪了他一眼，算是警告，此后再也不敢叫他来收废品。

性格相生的男女为什么也会出现问题呢？原因是两者在价值观上有巨大的分歧。金木型人多严谨自律，讲求规则和秩序，而极端的水型人则放荡不羁，没有原则和操守。婚姻中的双方是多维关系，既是亲密爱人，又是合作伙伴，两人需共同努力经营一个家庭。价值观分歧太大的两个人理念完全不一样，难免会产生冲突。生活中我们做事就伴随着价值判断，如果价值观不一致，就会家无宁日。

有不少和睦的夫妻不是因为品德高尚、相互礼让，而是因为价值取向完全一致，甚至沆瀣一气、狼狈为奸。雨果在《悲惨世界》中塑造的德纳第夫妇就是典型案例。尽管德纳第阴险狡诈，为达目的不择手段，可是德纳第妻子却对他充满了崇拜之情。她看到自己的丈夫晃着精明的脑袋算计别人，眼光显得格外温柔。尽管她是个凶狠跋扈的泼妇，可在德纳第面前却俯首贴耳，因为她觉得自己的丈夫实在聪明，总是能想到比她更高明的害人之计，两人一拍即合，极其默契。雨果描写的人物不是凭空而来，现实中可以找到很多这样的原型。我曾见过一对夫妻，两人道德败坏，为人所不齿，他们甚至对自己的孩子都没有爱心，女儿与他们反目，儿子也与他们不相往来。但这两个人关系却极好，出双入对，琴瑟和鸣。

最好的婚姻关系应该是夫妻、情人和朋友三位一体。夫妻关系要求两人性格相生，生活中能彼此迁就、互相忍让，懂得关心对方，体贴对方；情人关系则要求两人有共同的志趣和爱好，才智相当，品位相近，共同的创造会给婚姻生活带来源源不断的激情；朋友关系则要求两人有相近的价值观和共同的奋斗目标。

从婚姻关系确立的那一天起，婚姻的"基因"就已基本确定，此后的发展就是基因表达的过程，人力可控的成分并不多。人们常说要经营婚姻，其实"基因"有问题的婚姻不具备经营的价值，需要刻意经营的婚姻不是幸福的婚姻，就像找错合伙人的公司，其结果注定不会好。

3. 选择适合自己的生存环境

人在职场中要选择有利于自己的气场。人性有相生相克，一个人眼中的红玫瑰也许是另一个人眼中的蚊子血。要选择与自己性格相生或类似的人合作，才能有更多的机会。

人要成功，需要有贵人相助，那个贵人便是喜欢和欣赏你的人。职场与婚姻中的道理一样，不受对方喜欢的人，不管怎样殷勤周到，换来的都是对方的厌烦。

有一个女孩很苦恼，她本来工作干得不错，但自从单位换了领导，她的日子就不好过了。我听了她对领导的描述，问她现在的领导是不是喜欢圆滑善媚的人，她大为吃惊，连连称是。根据她的描述，我判断她的新领导是个金木型人，因此推断她喜欢的是水型人。中国有句古话，"一朝天子一朝臣"，映射的就是这个道理。

我有位朋友的老公是土型人，性格有点倔强，在单位里不受领导喜欢，薪水多年不见涨，年终奖甚至出现了逐年下降的趋势。新冠肺炎疫情暴发后，他们单位的效益也受到了影响，本以为收入会减少，奇怪的是她老公的薪水不降反升，年终奖也比之前翻倍。原因是她老公的单位换了新领导，新来的领导是金型人，很欣赏他这样老实肯干的人。人还是那个人，事还是那样做，得到的评价却大相径庭。

年轻时在职场，我也有深刻的体会，欣赏我的都是与我性格类似、有共同价值观的人。

初出校门时，既缺少经验又缺乏技能，我曾去两家公司面试。一家公司的老板拿出一份外贸订单让我翻译，有几个专用名词我不认识。他轻蔑地看了我一眼，不但不录用我，还将我羞辱一番，说我的文凭是混来的。我又去了另一家公司面试，他们招聘的是文秘，要求会打字，可我当时连打字机都未见过。心想，这次不知还要遭受怎样的白眼。没想到，老板却很和蔼地对我说："不会可以学，打字很容易，你有这样的学历，应该不成问题。"入职后，我废寝忘食，几天就学会了打字，我要用行动证明他没有选错人，我也因此成了他眼中最敬业的员工。我终身感激他的知遇之恩，因为他的赏识，我才有了后来在职场上的成功。

现在，再反思当年的经历，我才明白了其中的缘由。第一个老板是与我性格相克的人，他看到我的第一眼，已经在心里进行了否定，此后所发生的一切只是为了佐证他的观点。第二个老板则是与我性格类似的人，看到我便有一种亲近感，后来在工作中，我们配合默契。他是一个严谨而正直的人，与我的作风相仿，大家见解类似、彼此欣赏。虽然我们有时会因为双方都过于刚直而发生争执，但对事不对人，他绝不会因为我顶撞了他而记恨我。在那里工作的岁月，是我最快乐的时光。

对组织的价值

1. 发现人的潜能

一个人的潜能没有得到发展，一定是不良教育和不合适生存环境的产物。基于公众对现今教育模式的诟病，可以想见，多少孩子的能力被埋没在了应试教育的书山题海之中。现实中的确如此，有些年轻人，当我指出他们有某些能力时，得到的往往是否定的回答。有一个女孩，她认为自己是个很理性的人，一点也不感性，因为从小到大，她就是按照父母的期望和学校的要求一步步走过来，最后考进了一所工科院校。她性格有些内向，不喜欢与人交流。据我观察，她是个金木型人，不但具备较好的感性思维，还有很强的创造力。事情的发展完全验证了我的判断，经过一段时间的辅导，她不但能把一份海报设计得图文并茂、极具水准，还成了一名优秀的营销人才，这样的案例不胜枚举。

很多用人单位抱怨新生代员工不好用，原因在于我们的学科教育与实践应用产生了严重脱节，在分数为王的背景之下，孩子的感性思维被完全扼杀，而感性思维不仅是创造力的基础，还是人情商的重要来源。企业在招聘人才的时候，不能仅仅看到他现在的状态，更要看到一个人未来发展的可能性，高潜质的人才与高成长性的商业模式对企业的成功同等重要。

2. 正确的人岗匹配

所谓的人才都是相对于岗位而言的，每个人的才能都有一定的局限性，像管仲这样杰出的人才，却做不了一个合格的士兵。选择合适的人去做正确的事才是一个企业成功的不二法门。基于岗位分析的胜任力模型，是企业在招聘工作中关注的焦点，而实践中的难点是，我们很难获取对方在能力、人格、品德等方面的准确信息。每个面试官在做判断时都难免带有主观性，人们更喜欢那些与自己类似的人，而这样的人却未必适合这个岗位，所以选错人的事情时有发生。比如，一个企业的老板选择了一个水型人去做采购，结果导致采购成本大幅攀升30%；选择了木型人去管理生产，结果导致生产效率大幅下降，常常完不成订单。企业的管理者往往更关注绩效考核，殊不知，如果选错了人，再好的考核制度都要大打折扣。在选择人才的时候，我们不但要关注他的工作能力，还要考察他的人格与品德，否则可能会养虎为患，为自己培养"掘墓人"。游族网络的老板就是因为用错了人，才导致自己命丧黄泉。很多企业的瓦解也是因为在某个关键岗位用错了人而导致一败涂地。把人才用在合适的位置上，不仅能更大限度地发挥人力资源的效用，还有助于企业留住人才，减少动荡与不安定因素。

3. 合理的团队构建

五行人格是基于人格的五对矛盾而构建的，因此它还反映了人性相生相克的规律。人性相克的根本原因是在某些方面存在巨大的分歧，而人性相生的原因则是在某些方面类似或互补。生活中，我们会看到这样的现象，有些夫妻性格有差异却能生活得很幸福，而有的夫妻却将这些差异演绎得水火不容，那是因为差异在一定的限度内是互补，超过了这个限度就变成了相克。企业的团队建设也遵循同样的道理，如果相克的力量太重，就会带来严重的能量内耗，给企业造成巨大的损失。好的团队也会有分歧，但一定不能产生破坏性的冲突。《西游记》中的取经团队给我们构建了很好的团队模板，师徒四人加上白龙马其实就是完美的五行组合。这个世界能和谐运转皆来源于各种力量的相互激发与相互制衡。

后记

　　研究五行人格心理学，最先的受益者是我自己。在这十几年间，我的生活发生了翻天覆地的变化。过去的我是个对人对己都比较严苛的人，眼睛里揉不得沙子，有时还有激烈的情绪表现。人的性格会不知不觉反映在面相中。那时的我瘦骨嶙峋，脸上棱角分明，眼神凌厉，连儿子都与我不亲近。在小区里碰到邻居抱着婴儿，孩子看到我不是回避就是面无表情，我以为是我不会逗小孩的缘故，其实是因为我的表情太严肃了。现在，我经常在电梯里遇见推着婴儿车的老人，我并未说话，孩子们却对我表现出天然的友善，他们看着我笑，咿咿呀呀想跟我讲话，有时还用手来拉我。孩子的心灵纯净无瑕，他们最能分辨人性的善恶。我想，是我脸上流露出的善意吸引了他们。

　　有人问我，看透人的性格，心里不会恐惧吗？其实人们有时会放大人性中的恶，世间大奸大恶的人并不多，大部分人表现出的缺点，是由于性格中的某些极端导致的，他们被自己的性格左右，陷在局中，无法自拔。对人性的了解让我更能理解他人的苦衷，内心充满了对人性的悲悯，总想尽力去帮助他人。我用自己的专业技能做了一点点，收获的却是满满的感激与肯定，我每天心里都很坦然，怎么会有恐惧呢？人们之所以会抱怨、憎恨、愤怒，是因为总是从自己的角度出发，认为别人无能、自私、败坏。缺乏客观的视角，是一切烦恼的来源。过去，我会抱怨自己的老公不求上进，现在我知道，如果他是个争强好胜的人，可能就没有很强的包容心，怎么会把自己的老婆捧在手掌心呢？人不可能把所有的优点都占尽，一个优点的背面必定有一个缺点，这是事物发展的规律。正是遇到这样一位善良、大度、品德高尚的人，才治愈了我童年的创伤。我应该感恩生活对我的恩赐，为什么要抱怨呢？

对于过去伤害过我的人，我也完全能理解他们的处境与立场，如果凡事从自己身上找原因，他人的行为就变得合理了。他人的背叛也许是因为自己的苛刻与狭隘；他人的诋毁也许只是因为自己不够公正与坦荡。情感的伤害也许只是因为缘分未到，或是上天眷顾你，要把最好的送给你。明白了这些，内心剩下的只有感恩。感恩那些曾让你痛不欲生的人，他们是上帝派来助你飞跃高山的人。感恩那些曾经帮助过自己的人，并且把这份感恩传递下去，去帮助那些需要帮助的人。

五行人格心理学理论还给我的生活带来了很多实用价值，让我避免了生活中的矛盾和纠纷。

一日与朋友去美食城吃饭，正值饭点，人较多，好不容易看到一个四人桌上有两个空位子，我们问对面的女人这里是否有人，她马上说都有人，可我们明明看见桌上只有两副碗筷，一人去取餐，一人在占位，朋友想找她理论，我说算了。后来，我们发现她们就只有两人，对面的座位一直空着，朋友怪我太好说话，为什么不给这种人一个教训。我笑言："我怕破坏了你吃饭的心情。这个人就是《红楼梦》中的赵姨娘。她们在生活中喜欢占先、贪便宜，恨不能把天下的资源都攥在自己的手中，别人受罪，她就开心，如果你让她不好过，她必用撒泼来无理取闹，她骂人的功夫一流，多么恶毒的词语都能运用自如。这顿饭还能吃得下去吗？"

还有一次儿子骑电动车带我出去购物，行至十字路口，我们停下来等红灯，忽然身后传来一声咆哮："让开，别挡路！"我甚是奇怪，什么人敢堂而皇之地闯红灯，转头看见一个满脸戾气的送货员。他要右拐，车后又载了很多货物，旁边的空隙不足以通过。儿子不明就里，转过头与他理论："你没看见红灯吗？怎么走？"那人马上就要发作。我告诉儿子赶紧往前挪挪，让他过去。事后，儿子怪我没原则，怎么能纵容这样不遵守规则的人。我告诉他，如果后面叫喊的是"黑旋风"李逵，你还会跟他理论吗？他们本不容易，干着辛苦的活，对于送货员来说，时间就是金钱，他性子急躁，怎么等得了？他没有危害社会，靠劳力赚钱，已经值得赞扬了。对于情绪不受控的人，我们最好能迁就一点，避其锋芒，否则可能导致不良后果的发生。社会上很多刑事案件就是这样发生的。

五行人格心理学的最大价值是对人思维与行为的预测，对我们的工作与生活有巨大的指导作用。

在一次朋友聚会上，我遇到了一位企业老板，他公司的账目出现了问题，被税务局罚款，甚是郁闷。聊天中，我发现他请的财务主管居然是水木火型人，就是薛蟠那样的人格。生活中这样的人并不都长一副混世魔王模样，尤其是女性，她们有热情洋溢、充满激情的一面，如果没有深入了解，会觉得她们积极主动、敢于负责。这样的特质从事销售工作比较合适，如果做财务，只会带来灾难性后果。那位老板之所以选错了人，是因为他本身也具有水特质，他们彼此之间有一定的吸引力，他便受到了主观性的迷惑，他本人对人性也缺乏必要的了解。

新闻中经常报道某些单位一个小出纳贪污了几百万元，甚至上千万元，用于赌博和奢侈消费。那些人多是性格极端的水型人。如果告诉单位的领导，他请的会计是海昏侯刘贺那样的人，他断然不会聘用。可是人的脸上没有写字，在领导的眼里，他们说话得体、讨人喜欢，不知不觉就产生了光环效应，认为这样的人非常可靠。财务人员要选那些灵活性不是太高又认真负责的人，对金钱欲望太大或是成就动机太高的人不太适合从事财务工作。

人们有一种误解，认为人性都差不多，只要有制度漏洞，所有人都会贪腐。实际情况并非如此，不同的人道德修养存在巨大的差距，有人卑污到让人难以置信，而有人却高尚得令人景仰。有一次我出门购物，不知怎么将钱包遗失了，待到付款时才发现。我大惊失色，心急如焚，钱包里有不少现金，最要命的是我的身份证与银行卡都在里面，如果丢失了补办起来极其麻烦。我没了购物的兴趣，立马回头去找，明知希望渺茫，却还存一丝幻想：也许别人把钱拿走了会把钱包扔下。等我走到小区门口，也不见钱包的踪影。正当我绝望时，忽然看到门的旁边贴了一张字条，上书："石红霞，我捡到了你的钱包，怕你着急，先留个便条，请在方便的时候来我这取。"下面是他的联系方式。我感动得差点掉眼泪，不敢相信世上还有这么好的人。我猜他一定是金土型人，等到见了面我发现果真如此，我买了礼物给他，他也不收。

生活中的很多事实都验证了我对人性的判断。有一次老公的膝盖出现了问题，诊断的结果是半月板撕裂，去了几家医院，都叫他做手术，后来我们决定到一家中医院去看看。挂号时，老公说："你不是会看人吗？帮我看看哪个医生医术更好些。"我帮他选了一位金型人格的医生。果然这位医生不但态度和蔼，而且医术精湛。老公吃了几百块钱的药就把病治好了。后来我的膝盖也出现了问题，因那段时间他不坐诊，就挂了其他医生的号。那位医生不但态度不好，还开了一堆贵的药，治疗了一段时间，一点儿效果都没有。后来我又去挂了之前那位为老公看病的医生的号，他听了我对症状的描述，马上就判断这不是膝盖的问题，而是腰椎间盘突出压迫神经所致。这个病虽不能根治，但我用了他开的药，症状减轻了很多。人常说，医者仁心。那些优秀的医生都是具备良好道德修养与非凡理性的人，一个利欲熏心的人永远不可能成为好医生。

每个行业都有自己的特点，需要不同人格特质的人才能将工作做得更好。比如家政这个行业，不太有才情的木型人就做得比较好，他们爱干净，做事细心又有耐心，心地善良。我的公公处于半瘫痪状态很多年，起初来了几个保姆都嫌苦嫌累，做了一段时间就不干了，后来我选了一位木型人格的中年男人，他一直伺候老人到去世，不厌其烦，尽心尽力，因为有他，我们也省了不少心。

生活中这样的例子还有很多，亲人和朋友们也从最初对我的将信将疑，发展到现在的笃信不疑，事实胜于雄辩，时间验证了五行人格理论的价值。《道德经》中说："知人者智，自知者明。"了解人性可以让我们活得更明白、更通透，仿佛在光明中前行，能够减少心中的焦虑与恐惧。我是个很容易焦虑的人，但现在的我每天的心态都很平和，世界还是那个世界，不同的是我不会再被环境控制，而是遵从内心，做自己喜欢的事，爱自己该爱的人，远离无谓之人。生活充实而美好，喜悦感常荡漾在心头，我想通过这本书将正能量传递给大家，让每个人都能拥有属于自己的美好生活！